教育部现代学徒制试点院校系列教材
河南省职业教育和继续教育精品在线开放课程配套教材

Java程序设计项目化翻转课堂教程

祁传达　赵　恒　王　雷◎主　编
吕　甦　方　定　任晓鸽
周　明　梁立洋◎副主编

中国铁道出版社有限公司
CHINA RAILWAY PUBLISHING HOUSE CO., LTD.

内 容 简 介

本书参照教育部《高等职业学校专业教学标准》、融合职业素质培养、1+X 证书考试和现代学徒制教育等相关内容，以智慧校园平台建设为应用场景，按照“活页式”教材编写体例，融合项目化翻转课堂教学理念，涵盖了 Java 程序设计语言基础、数组的使用、常见字符串处理、面向对象基础、Java 数据库应用程序开发技术等方面的内容。

本书提供了大量翔实的编程实例和丰富的项目案例，每个项目还安排了智慧校园相关的实训项目，有利于初学者锻炼使用 Java 语言解决实际问题的能力。

本书适合作为高等职业院校的教材，也可作为有一定 Java 基础的软件开发人员和其他有关人员的参考书。

图书在版编目（CIP）数据

Java程序设计项目化翻转课堂教程 / 祁传达，赵恒，王雷主编. -- 北京 : 中国铁道出版社有限公司，2024. 8. --（教育部现代学徒制试点院校系列教材）. -- ISBN 978-7-113-31314-2

Ⅰ. TP312. 8

中国国家版本馆CIP数据核字第20247YU903号

书　　名：Java 程序设计项目化翻转课堂教程
作　　者：祁传达　赵　恒　王　雷

策　　划：韩从付　　　　编辑部电话：（010）63549508
责任编辑：陆慧萍　王占清
封面设计：刘　颖
责任校对：刘　畅
责任印制：赵星辰

出版发行：中国铁道出版社有限公司（100054，北京市西城区右安门西街 8 号）
网　　址：https://www.tdpress.com/51eds/
印　　刷：北京联兴盛业印刷股份有限公司
版　　次：2024 年 8 月第 1 版　2024 年 8 月第 1 次印刷
开　　本：787 mm×1 092 mm　1/16　印张：11　字数：201 千
书　　号：ISBN 978-7-113-31314-2
定　　价：54.00 元

前　言

本书在编写过程中，结合党的二十大精神进教材、进课堂、进头脑的要求，将知识教育与思想品德教育相结合，通过案例加强学生对知识的认识与理解，让学生在学习新兴技术的同时了解国家在科技发展上的伟大成就，提升学生的民族自豪感，引导学生树立坚定的理想信念，进一步提升学生的职业素养，落实德才兼备、高素质和高技能的人才培养要求。

■为什么要学习本书

Java是一种功能强大、安全、跨平台、国际化的编程语言，能够优雅地处理在传统编程语言中较难解决的问题，如并发、数据库访问、网络编程和分布式计算等。为贯彻落实《国家职业教育改革实施方案》，本书融合了职业素质培养、1+X证书考试和现代学徒制教育等相关内容进行编写，采用任务驱动编写模式、支持线上线下混合式教学，从而实现课证融通的教学目标。

■如何使用本书

本书以智慧校园平台建设为应用场景，从平台建设需求分析和设计过程出发，围绕Java程序设计语言基础、Java中数组和字符串的使用、Java面向对象编程和Java数据库应用等专业知识和实践技能做了详细介绍。全书分为八个项目，每个项目主要由项目导入、学习目标、若干任务和实训组成。

- 项目导入：概括本项目的主要学习知识。
- 学习目标：阐明本项目学习的知识目标、技能目标和素养目标。
- 若干任务：每个任务包括“情景描述”、“任务分解”、“任务实现”及相关教学视频和涉及知识点等内容。
- 实训：旨在让读者在模拟或真实的环境中应用所学的知识和技能。

项目一包含5个任务和实现管理系统主界面模块功能的课堂实训，主要介绍Java语言的特点、开发环境的搭建、应用程序的调试和打包。通过本项目的学习，读者能够初步了解Java的语言特点，理解Java的概念及Java程序运行的流程并能编写第一个Java程序。

项目二包含5个任务和实现超市购物模块功能的课堂实训，主要介绍Java的语法格式、Java的数据类型和运算符。通过对本项目的学习，读者能够了解Java的语法定义规范，掌握数据类型和运算符的使用方法。

项目三包含4个任务和实现用户登录模块功能的课堂实训，主要介绍Java的流程控制语句。通过对本项目的学习，读者能够掌握Java语言的流程控制语句使用方法并能利用相关知识点完成登录模块的功能实现。

项目四包含 3 个任务和实现学生成绩管理模块功能的课堂实训，主要介绍 Java 中数组的使用方法。通过对本项目的学习，读者能够掌握 Java 语言中数组的使用方法并能利用相关知识点完成学生成绩管理模块的功能实现。

项目五包含 5 个任务和实现学生信息查询模块功能的课堂实训，主要介绍 Java 中字符串相关的常见操作。通过对本项目的学习，读者能够掌握 Java 语言中常见的字符串操作方法并能利用相关的知识点完成学生信息查询模块的功能实现。

项目六包含 3 个任务和实现学生信息管理模块功能的课堂实训，主要介绍 Java 的面向对象编程基础。通过对本项目的学习，读者能利用面向对象的编程思想完成添加学生、删除学生，并打印出学生的基本信息。

项目七包含 4 个任务和实现宿舍门禁人脸识别模块功能的课堂实训，主要介绍 Java 的封装、继承、多态和接口。通过对本项目的学习，读者能够利用掌握 Java 中面向对象的高级特性并能利用相关知识点完成宿舍门禁人脸识别模块的功能实现。

项目八包含 3 个任务和实现管理员管理模块功能的课堂实训，主要介绍 Java 中如何完成数据库的添加、修改、查询和删除。通过对本项目的学习，读者能够利用数据库的相关知识完成学生信息管理模块的功能实现。

本书以任务推进的方式进行讲解，在学习本书时，首先要结合案例掌握相关知识点，在课堂实训学习笔记中记录学习的重点和易错点，然后根据所学知识点和课堂实训要求自行完成代码的编写，并对编写过程中出现的错误进行记录。在本书学习结束之后，可将所有章节的学习笔记取下合并，作为学习本书后的总结和记录。

此外，本书是 2022 年河南省职业教育和继续教育精品在线开放课程的配套教材，共享教学资源丰富且具有创新性。

■致谢

本书由信阳航空职业学院祁传达、郑州信息科技职业学院赵恒、信阳航空职业学院王雷担任主编；信阳艺术职业学院吕甦、信阳职业技术学院方定、许昌电气职业学院任晓鸽，信阳航空职业学院周明和梁立洋担任副主编；焦作工贸职业学院许丹，信阳职业技术学院秦亮亮、梅珀彰、沈广旭、侯亚楠和冯录鹏参与编写。本书是校企合作的成果，河南景奈教育科技集团有限公司参与本书编写，信阳势为教育科技有限公司提供了项目和技术支持，在此表示诚挚的感谢。同时，在编写过程中得到了许多同事的大力支持和帮助，他们提出了许多宝贵的意见和建议，还参考了许多资料和国内外的优秀教材，在此一并表示衷心的感谢。

由于编者水平有限，书中难免存在不妥之处，敬请广大读者批评指正。

编　者

2024 年 5 月

目 录

项目一

智慧校园之管理系统主界面模块功能实现

学习笔记

项目导入

随着数字化、信息化的不断发展，应用大数据、云计算、物联网等技术进行信息化校园管理的智慧校园管理系统应运而生，能有效实现校园的教育、管理、服务的一体化。本项目通过了解 Java 语言的特点、开发运行环境等知识与技能，使学生熟悉 Java 应用程序是如何一步一步开发出来的，从而学会如何对一个应用程序进行功能分析，并利用 Java 基本的输出语句，实现智慧校园管理系统主界面的设计。具体任务列表如下：

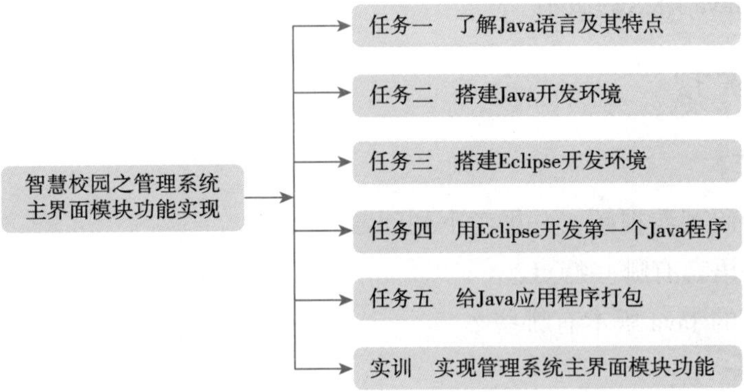

学习目标

◎知识目标

1. 了解 Java 的特点和版本。
2. 掌握 JDK 的下载、安装和环境变量配置。
3. 掌握 Eclipse 常用功能的设置方法、工作台使用。
4. 掌握 Eclipse 创建、编译和运行 Java 程序的方法。

◎技能目标

1. 能分辨什么样的应用程序适合用 Java 语言开发。

学习笔记

2. 能熟悉 Eclipse 的安装和使用方法，在 Eclipse 创建 Java 程序。
3. 能熟练掌握 Java 程序编写、编译、运行过程。
4. 能掌握给应用程序打包的方法。

◎素养目标

1. 养成良好的编程习惯。
2. 理解系统设计全局观的重要性、培养大局意识。

任务一　了解 Java 语言及其特点

情景描述

Java 是一种跨平台的、面向对象的程序设计语言。Java 程序可以在任何计算机、操作系统和支持 Java 的硬件设备上运行，具有许多引人注目的特点。本任务主要是了解 Java 的特点和版本。

任务分解

根据上述工作情景，将任务分解如下：

1. 了解什么是 Java，以及它有哪些特点。
2. 了解 Java 语言的版本。

任务实现

课前学习

扫描二维码观看视频，并思考下列问题：

（1）Java 语言有哪些特点？

（2）常见的 Java 版本有哪些？

Java简介

课堂学习

一、什么是 Java

小航同学：师傅，什么是 Java 语言呢？

师傅：Java 是于 1995 年，由 Sun 公司推出的面向对象的程序设计语言，由 Sun 研究院院士 James Gosling（詹姆斯・高斯林）博士设计而成。

小航同学：师傅，为什么那么多人都喜欢使用 Java 编写程序呀？

师傅：Java 是一种通过解释方式来执行的语言，其语法规则和 C++ 类似。与 C++ 不同的是，Java 程序既是编译型的，又是解释性的。编译只进行一次，而解释在每次运行程序时都会进行。

学习笔记

Java 语言有以下特点：

1. 跨平台 / 可移植性

这是 Java 的核心优势。Java 在设计时就很注重移植和跨平台性。比如 Java 的 int 永远都是 32 位。不像 C++ 可能是 16 或 32 位，可能根据编译器厂商规定而变化，这样的话程序的移植就会非常麻烦。

2. 安全性

Java 适合于网络 / 分布式环境，为了达到这个目标，在安全性方面投入了很大的精力，使 Java 可以很容易构建防病毒、防篡改的系统。比如 Java 取消了强大但又危险的指针。由于指针可进行移动运算，指针可随便指向一个内存区域，而不管这个区域是否可用，这样做是危险的。

3. 面向对象

面向对象是一种程序设计技术，非常适合大型软件的设计和开发。由于 C++ 为了照顾大量 C 语言使用者而兼容了 C，使得自身仅仅成为了带类的 C 语言，多少影响了其面向对象的彻底性。Java 则是完全的面向对象语言。

4. 简单性

Java 就是 C++ 语法的简化版，我们也可以将 Java 称之为“C++–”，指的就是将 C++ 的一些内容去掉，如头文件、指针运算、结构、联合、操作符重载、虚基类等。同时，由于语法基于 C 语言，因此学习起来完全不费力。

5. 高性能

Java 最初发展阶段，总是被人诟病“性能低”；客观上，高级语言运行效率总是低于低级语言的，这个无法避免。Java 语言本身发展中通过虚拟机的优化提升了几十倍运行效率。比如通过 JIT（just in time）即时编译技术提高运行效率。将一些“热点”字节码编译成本地机器码，并将结果缓存起来，在需要的时候重新调用。这样的话，使 Java 程序的执行效率大大提高，某些代码甚至接近 C++ 的效率。

因此，Java 低性能的缺点已经被完全解决了。业界发展上，我们也看到很多 C++ 应用转到 Java 开发，很多 C++ 程序员转型为 Java 程序员。

6. 分布式

Java 是为 Internet 的分布式环境设计的，因为它能够处理 TCP/IP。事实上，通过 URL 访问一个网络资源和访问本地文件是一样简单的。Java 还支持远程方法调用（remote method invocation, RMI），使程序能够通过网络调用方法。

7. 多线程

多线程的使用可以带来更好的交互响应和实时行为。Java 多线程的简单性是 Java 成为主流服务器端开发语言的主要原因之一。

8. 健壮性

Java 是一种健壮的语言，吸收了 C/C++ 语言的优点，但去掉了其影响程序健壮性的部分（如指针、内存的申请与释放等）。Java 程序不可能造成计算机崩溃。即

学习笔记

使 Java 程序也可能有错误。如果出现某种出乎意料之事，程序也不会崩溃，而是把该异常抛出，再通过异常处理机制加以处理。

Java 是编程语言进入 Internet 时代的里程碑。Java 的设计初衷就是用来创建可以在 Internet 上随处运行的应用程序，其"一次编写，随处运行"的理念定义了一种新的编程规范。

二、Java 的版本

Java 平台有三个版本，便于软件开发人员、服务提供商和设备生产商针对特定的市场进行开发。

1. Java SE

Java SE 是 Java 的标准版，主要用于桌面应用程序的开发，同时也是 Java 的基础，它包含 Java 语言基础、JDBC（Java 数据库连接）操作、I/O（输入输出）、多线程等技术。

2. Java EE

Java EE 是 Java 的企业版，主要用于开发企业级分布式的网络程序，如电子商务和 ERP（企业资源规划）系统，其核心为 EJB（企业 Java 组件模型）。

3. Java ME

Java ME 主要应用于嵌入式系统开发，如掌上电脑、手机等移动通信电子设备。因为 Java ME 开发不仅需要虚拟机，还需要底层操作系统支持，所以 Java ME 逐渐被时代淘汰，Android 应运而生。

任务二 搭建 Java 开发环境

情景描述

"工欲善其事，必先利其器。"在编写 Java 程序前，必须要了解并搭建好它所需的开发环境。要编译和执行 Java 程序，JDK（Java Development Kit）是必备的。本任务将具体介绍下载并安装 JDK 和配置环境变量的方法。

任务分解

根据上述工作情景，将任务分解如下：

1. 如何下载 JDK？
2. JDK 如何安装？
3. JDK 安装目录下每个文件夹的意义和作用。
4. 如何在 Windows 11 操作系统下配置 JDK。

学习笔记

任务实现

课前学习

扫描二维码观看视频，并思考下列问题：

（1）如何安装 JDK？

（2）如何在 Windows 11 操作系统下配置 JDK？

搭建Java环境

课堂学习

一、JDK 的下载

小航同学：师傅，我该如何使用 Java 语言开发程序呢？

师傅：Java 的 JDK 是 Sun 公司的产品。由于 Sun 公司已经被 Oracle 公司收购，要想使用 Java 语言开发程序，首先要在 Oracle 公司的官方网站中下载 JDK。

下载 JDK 的具体步骤如下：

打开浏览器，搜索并浏览 JDK 的下载页面，如图 1-1 所示。

找到要下载的 Java 版本，这里使用的是 Java SE 8。

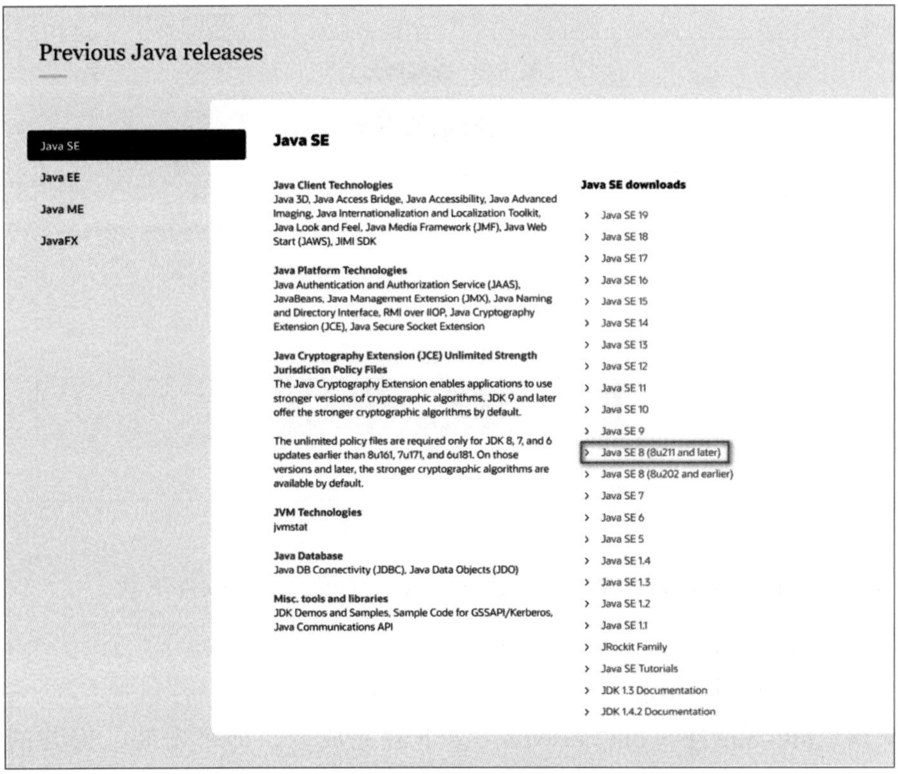

图 1-1　JDK 下载页面

（1）单击 Java SE 8 链接，进入 JDK8 的下载页面。选择需要的版本进行下载，这里选择 jdk-8u271-windows-x64.exe 版本，如图 1-2 所示。

学习笔记

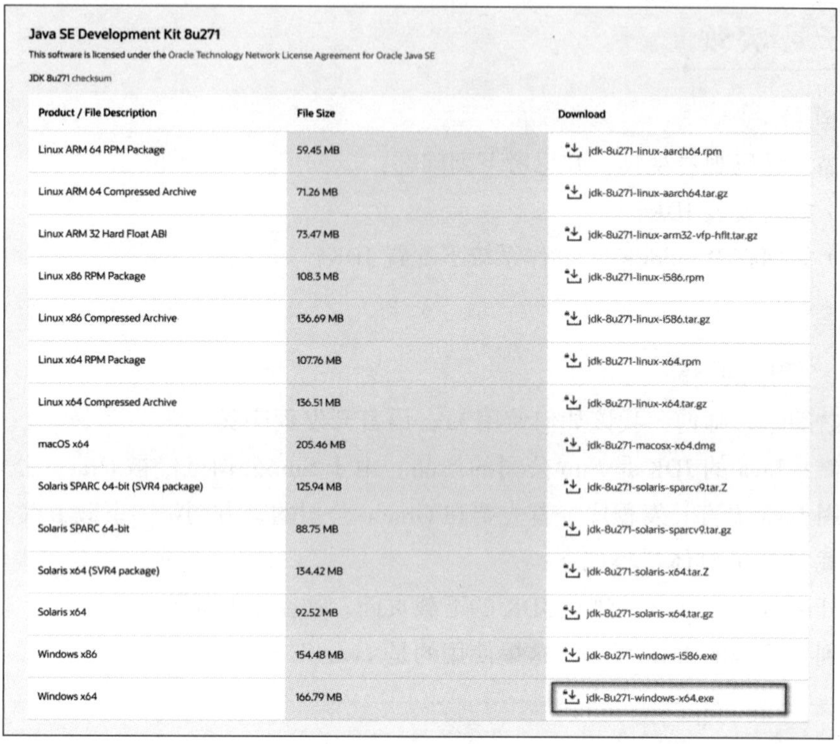

Java SE Development Kit 8u271

This software is licensed under the Oracle Technology Network License Agreement for Oracle Java SE

JDK 8u271 checksum

Product / File Description	File Size	Download
Linux ARM 64 RPM Package	59.45 MB	jdk-8u271-linux-aarch64.rpm
Linux ARM 64 Compressed Archive	71.26 MB	jdk-8u271-linux-aarch64.tar.gz
Linux ARM 32 Hard Float ABI	73.47 MB	jdk-8u271-linux-arm32-vfp-hflt.tar.gz
Linux x86 RPM Package	108.3 MB	jdk-8u271-linux-i586.rpm
Linux x86 Compressed Archive	136.69 MB	jdk-8u271-linux-i586.tar.gz
Linux x64 RPM Package	107.76 MB	jdk-8u271-linux-x64.rpm
Linux x64 Compressed Archive	136.51 MB	jdk-8u271-linux-x64.tar.gz
macOS x64	205.46 MB	jdk-8u271-macosx-x64.dmg
Solaris SPARC 64-bit (SVR4 package)	125.94 MB	jdk-8u271-solaris-sparcv9.tar.Z
Solaris SPARC 64-bit	88.75 MB	jdk-8u271-solaris-sparcv9.tar.gz
Solaris x64 (SVR4 package)	134.42 MB	jdk-8u271-solaris-x64.tar.Z
Solaris x64	92.52 MB	jdk-8u271-solaris-x64.tar.gz
Windows x86	154.48 MB	jdk-8u271-windows-i586.exe
Windows x64	166.79 MB	jdk-8u271-windows-x64.exe

图 1-2　选择版本

（2）单击版本链接后，进入图 1-3 所示的下载界面。

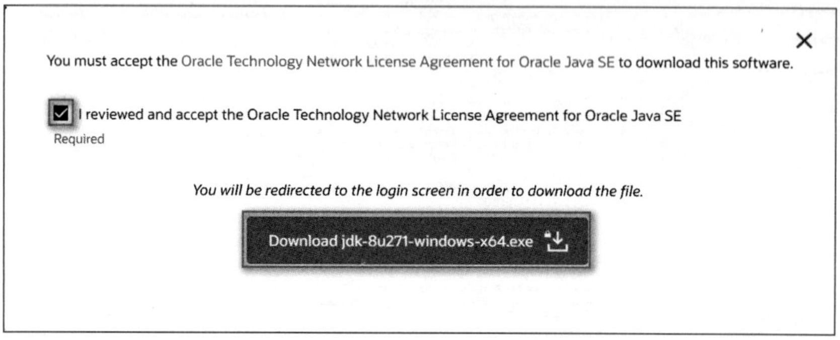

图 1-3　进入下载页面

（3）单击下载链接，在弹出的对话框中接受协议，进行软件下载。

二、JDK 的安装

小航同学：师傅，JDK 已经下载好了，该如何使用呢？

师傅：jdk-8u271-windows-x64.exe 下载完成后，即可安装，安装的具体步骤如下：

（1）双击已下载完毕的安装文件，将弹出图 1-4 所示的对话框，单击“下一步”按钮。

学习笔记

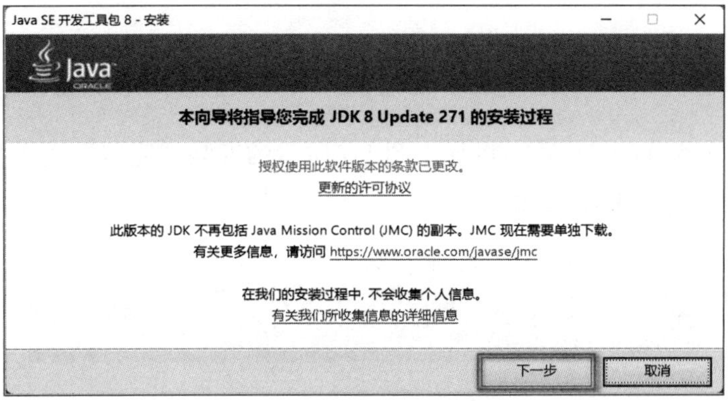

图 1-4　“安装”对话框

（2）在弹出的“定制安装”对话框中，建议不要更改 JDK 的安装路径，其他设置也选择默认设置，如图 1-5 所示，单击“下一步”按钮。

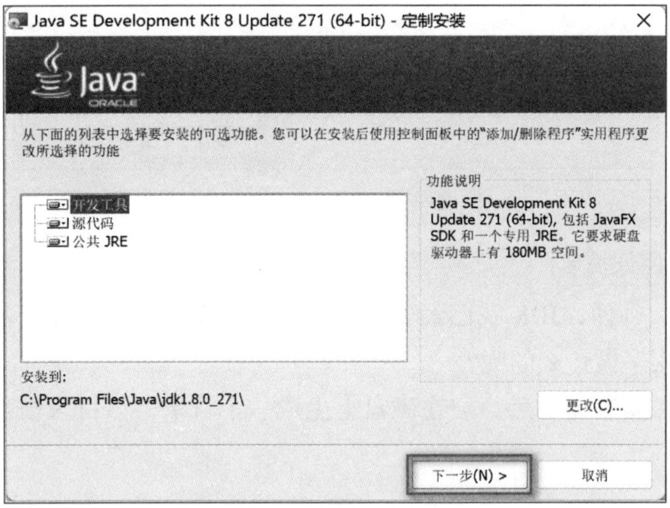

图 1-5　“定制安装”对话框

（3）在安装过程中会弹出设置 JRE 的安装路径，如图 1-6 所示，建议不要更改，直接单击“下一步”按钮。

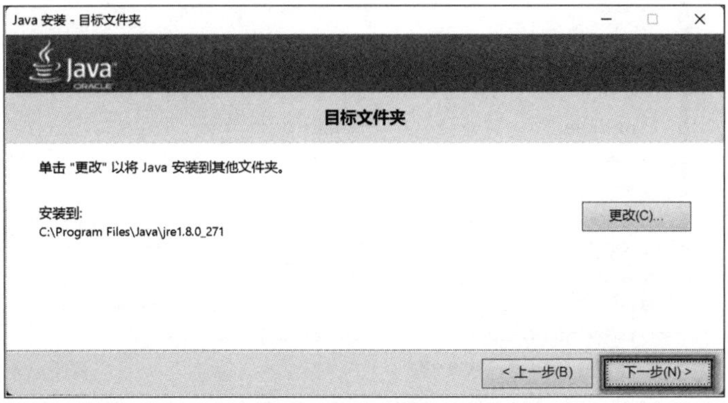

图 1-6　设置 JRE 的安装路径

学习笔记

说明：JDK 包括了 Java 运行环境（Java runtime environment, JRE）、Java 工具和 Java 基础类库。其中 JRE 是运行 Java 程序所必须包含的环境集合。

（4）成功安装 Java SE 后，将弹出图 1-7 所示的安装“完成”对话框，单击“关闭”按钮，即可完成 Java SE 8 的安装。

图 1-7 “完成”对话框

三、JDK 目录介绍

小航同学：师傅，JDK 我已经安装完毕，但是发现安装目录下有好多文件夹，每个文件夹是用来做什么的呢？

师傅：JDK 安装完毕后，会在磁盘上生成一个目录，该目录被称为 JDK 目录，如图 1-8 所示。

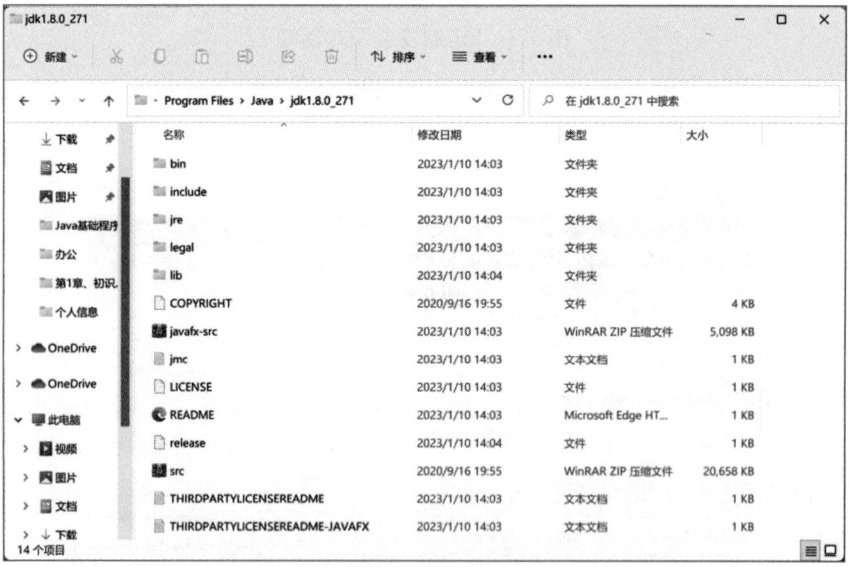

图 1-8 JDK 目录

为了更好地学习 JDK，初学者必须要对 JDK 目录下的各个子目录的意义和作用有所了解。下面对 JDK 目录下的各个子目录进行介绍。

（1）bin 目录：该目录用于存放一些可执行程序，如 javac.exe（Java 编译器）、java.exe（Java 运行工具）、jar.exe（打包工具）和 javadoc.exe（文档生成工具）等。其中，最重要的就是 javac.exe 和 java.exe，下面分别对这两个程序进行详细的讲解。

① javac.exe 是 Java 编译器，它可以将编写的 Java 文件编译成 Java 字节码文件（可执行的 Java 程序）。Java 源文件的扩展名为 .java。编译后生成对应的 Java 字节码文件，字节码文件的扩展名为 .class。

② java.exe 是 Java 运行工具，它会启动一个 Java 虚拟机（JVM）进程，Java 虚拟机相当于一个虚拟的操作系统，专门运行由 Java 编译器生成的字节码文件（.class 文件）。

（2）jre 目录：该目录为 Java 运行时环境的根目录，它包含 Java 虚拟机、运行时的类包、Java 应用启动器和一个 bin 目录，但不包含开发环境中的开发工具。

（3）include 目录：由于 JDK 是使用 C 和 C++ 开发的，因此在启动时需要引入一些 C 语言的头文件，该目录就是用于存放这些头文件的。

（4）lib 目录：lib 是 library 的缩写，意思为 Java 类库或库文件，是开发工具使用的归档包文件。

（5）src.zip 和 javafx-src.zip 文件：这两个文件中放置的是 JDK 核心类的源代码和 JavaFX 源代码，通过这两个文件可以查看 Java 基础类的源代码。

四、配置 JDK

小航同学：师傅，JDK 安装完毕后，是不是我就可以使用 JDK 了呢？

师傅：不是的，安装完 JDK 后，必须配置环境变量才能使用 Java 开发环境。在 Windows 11 操作系统下，只需配置环境变量 Path（用来使系统能够在任何路径下都可以识别 java 命令）即可，步骤如下：

（1）单击计算机的“开始”按钮或按键盘的【Windows】键，如图 1-9 所示。

图 1-9　开始菜单

（2）打开开始菜单，单击菜单中的设置功能，如图 1-10 所示。

（3）在设置窗口左上角的搜索栏中输入“环境”，如图 1-11 所示，单击“编辑系统环境变量”按钮，打开“系统属性”对话框。

学习笔记

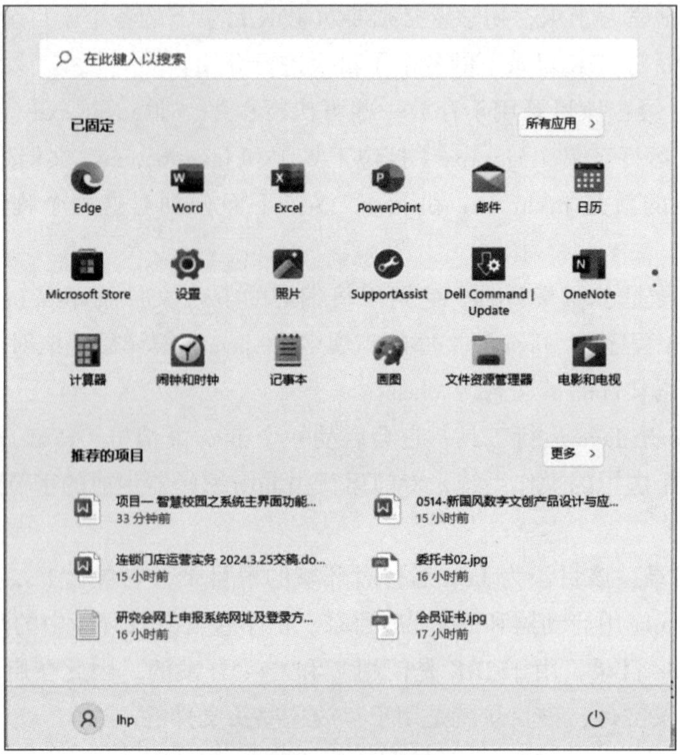

图 1-10 开始菜单

图 1-11 设置窗口

（4）在“高级”选项卡中单击“环境变量”按钮，如图 1-12 所示。

（5）在打开的“环境变量”对话框中，在“系统变量”选项区找到并双击“Path”变量，或者选中“Path”变量后单击“编辑”按钮，如图 1-13 所示。

学习笔记

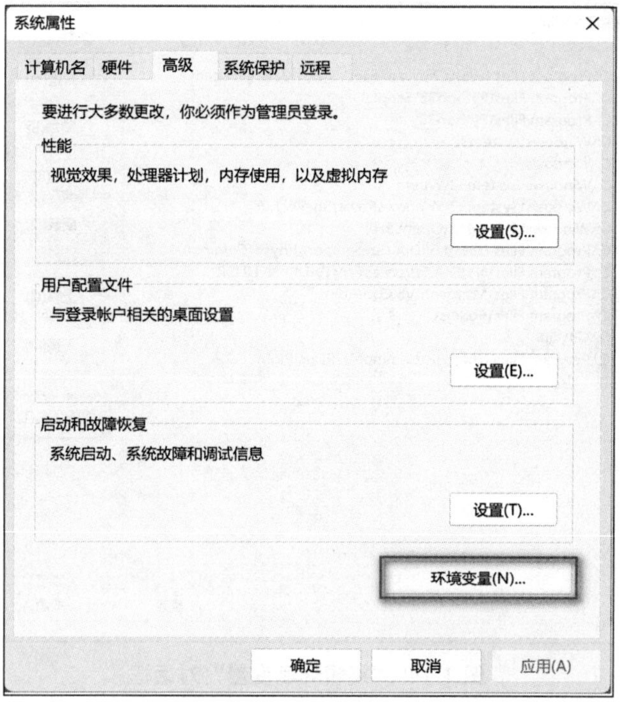

图 1-12　“系统设置”对话框“高级”选项卡

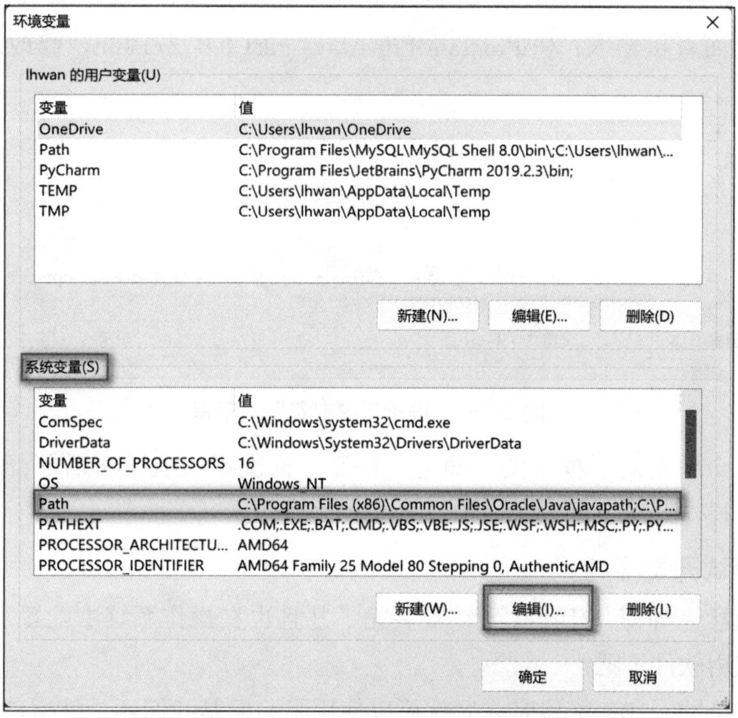

图 1-13　“环境变量”对话框

（6）在打开的“编辑环境变量”对话框中，单击“编辑文本”按钮，如图 1-14 所示。

学习笔记

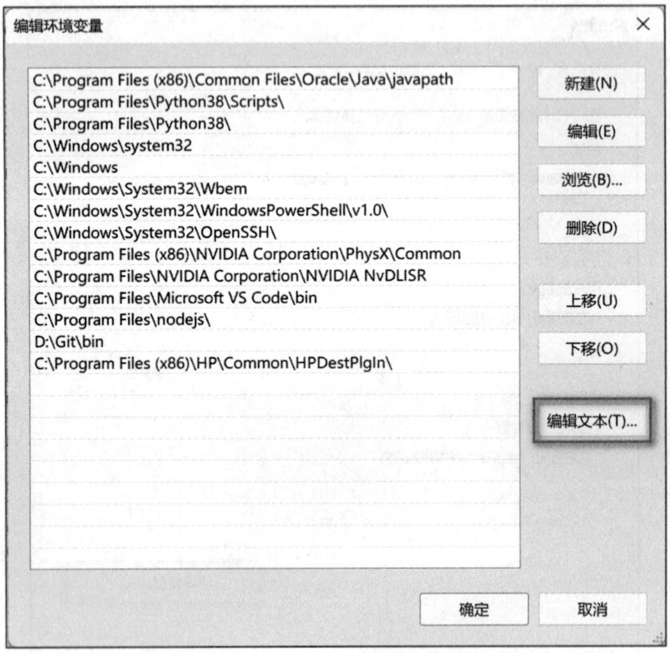

图 1-14 “编辑环境变量”对话框

（7）对 Path 变量值进行修改。核对原变量值的最前面是否有：C:\Program Files (x86)\Common Files\Oracle\Java\javapath，如果有先将其删除；如果没有，则在原变量值的最前面直接输入：C:\Program Files\Java\jdk1.8.0_271\bin，修改后的效果如图 1-15 所示。

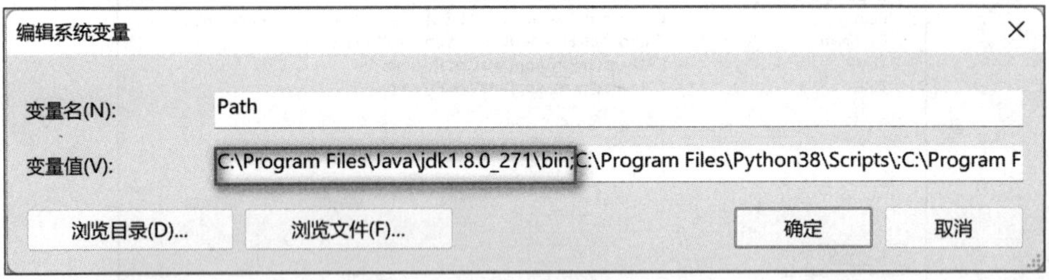

图 1-15 “编辑系统变量”对话框

（8）逐个单击对话框中的“确定”按钮，依次退出上述对话框，即可完成在 Windows 11 操作系统下配置 Java SE 1.8 的相关操作。

五、测试开发环境

小航同学：师傅，JDK 我已经安装完了并且也在操作系统中配置了环境变量，这回可以使用软件了吧？

师傅：是的，JDK 配置完成后就可以使用了。但是我们还是需要确认安装和配置的是否准确无误。在 Windows 11 操作系统下测试 JDK 环境，步骤如下：

（1）按【Win+R】组合键，在“运行”对话框中输入 cmd，如图 1-16 所示。接着单击“确定”按钮或按【Enter】键，启动“命令提示符”窗口。

学习笔记

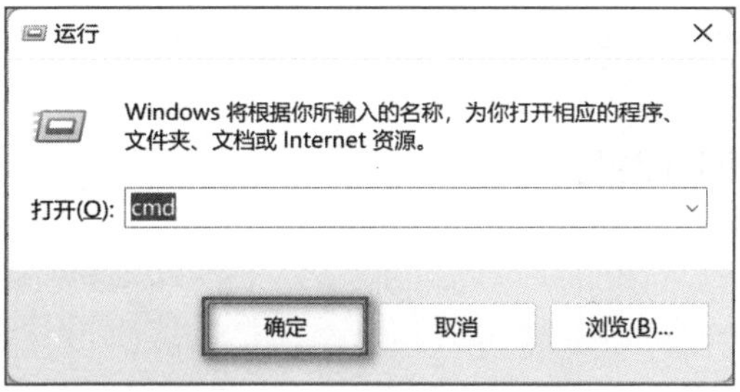

图 1-16　“运行”对话框

（2）在启动的“命令提示符”窗口中，输入：java －version，按【Enter】键，将输出图 1-17 所示的 JDK 版本信息，说明 JDK 环境已经搭建成功。

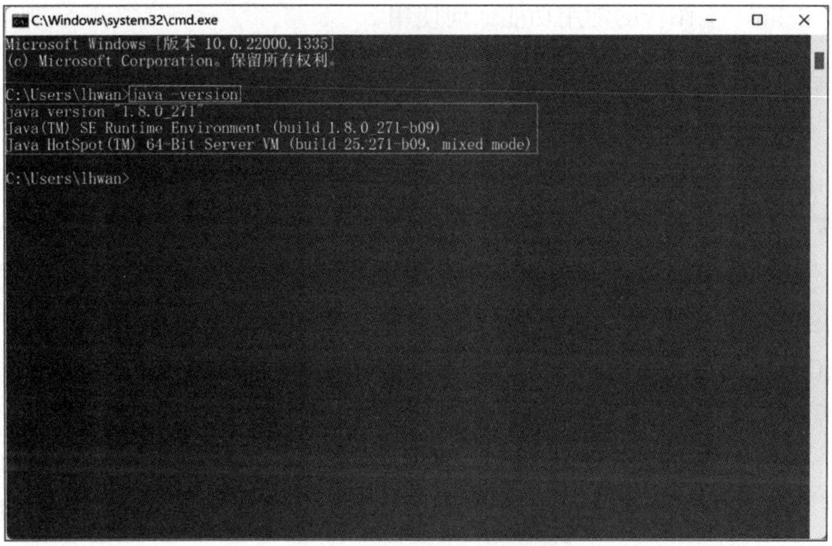

图 1-17　JDK 版本信息

任务三　搭建 Eclipse 开发环境

情景描述

各种工具在程序开发中的地位都显得很重要。在现在的软件开发过程中，编码所占的比重越来越少，之所以会出现这种情况：一是经过多年的积累，可复用的资源越来越多；二是开发工具的功能、易用等方面发展很快，编码速度产生了飞跃。为了后续能顺利、高效地搭建智慧校园管理系统，本任务将介绍一种 Java 常用的开发工具——Eclipse。

任务分解

根据上述工作情景，将任务分解如下：

学习笔记

1. 什么是 Eclipse?
2. Eclipse 的下载。
3. Eclipse 的启动和配置。
4. Eclipse 工作台。

任务实现

课前学习

扫描二维码观看视频，并思考下列问题：

（1）Eclipse 从哪里下载?

（2）Eclipse 工作台的常用功能如何使用？

搭建Eclipse开发环境

课堂学习

一、Eclipse 简介

小航同学：师傅，JDK 我已经安装好了，但是一行一行地编写代码比较麻烦吧?

师傅：是呀，编写代码本身就是一项非常烦琐的工作，需要同学们有耐心和细心。接下来介绍一款常用来开发 Java 程序的开发工具，让我们在开发程序时更方便、更快捷。

小航同学：师傅，是什么工具呢? 快给我们介绍吧，有点迫不及待了。

师傅：这款有用的开发工具就是 Eclipse。

Eclipse 最初是由 IBM 公司开发的替代商业软件 Visual Age for Java 的下一代 IDE 开发环境，2001 年 11 月贡献给开源社区，它由非营利软件供应商联盟 Eclipse 基金会（Eclipse Foundation）管理。

它基于 Java 编写，并且是开放源代码的、可扩展的，也是目前非常流行的 Java 集成开发工具之一。Eclipse 为编程人员提供了一流的 Java 程序开发环境，它的平台体系结构是在插件概念的基础上构建的，插件是 Eclipse 平台最具特色的特征之一，也是区别于其他开发工具的特征之一。

二、下载 Eclipse

小航同学：师傅，Eclipse 这么好用，我们从哪获取呢?

师傅：Eclipse 的使用非常简单，将下载的压缩文件进行解压即可使用。大家可以到 Eclipse 的官方网站下载新版的 Eclipse。后续开发程序可以使用 Eclipse 4.8.0（Photon）的版本。

三、Eclipse 的启动和配置

小航同学：师傅，Eclipse 下载好了，接下来我该怎么做呢?

师傅：接下来将下载好的 Eclipse 压缩包解压缩后，就可以启动 Eclipse 了。在 Eclipse 的安装文件夹中，双击 eclipse.exe 文件，即可启动 Eclipse。在弹出的

学习笔记

Eclipse Laucher 对话框中可以设置 Eclipse 的工作空间（工作空间用于保存 Eclipse 建立的程序项目和相关设置）。单击 Launch 按钮，即可进入到 Eclipse 的工作台，Eclipse Launcher 对话框的效果如图 1-18 所示。

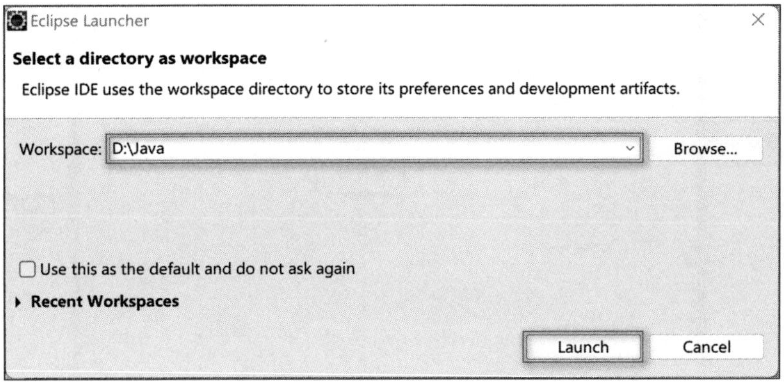

图 1-18　Eclipse Launcher 对话框

首次启动 Eclipse 时，Eclipse 会显示图 1-19 所示的欢迎界面。

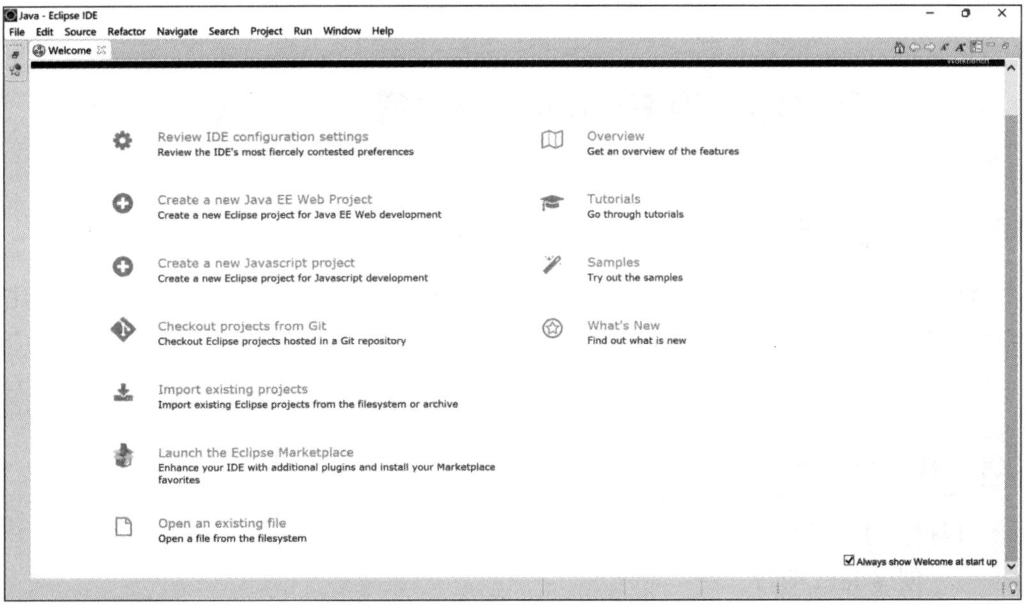

图 1-19　Eclipse 欢迎界面

四、Eclipse 工作台

小航同学：师傅，Eclipse 打开工作界面后我该怎么使用呢？快给我们介绍一下吧？

师傅：关闭欢迎界面后，即可进入 Eclipse 的工作台，Eclipse 的工作台是程序开发人员开发程序的主要场所。Eclipse 既可将各种插件集成到工作台中，又可在工作台中开发各种程序。Eclipse 工作台主要包括标题栏、菜单栏、工具栏、编辑器和相关的视图等，如图 1-20 所示。

学习笔记

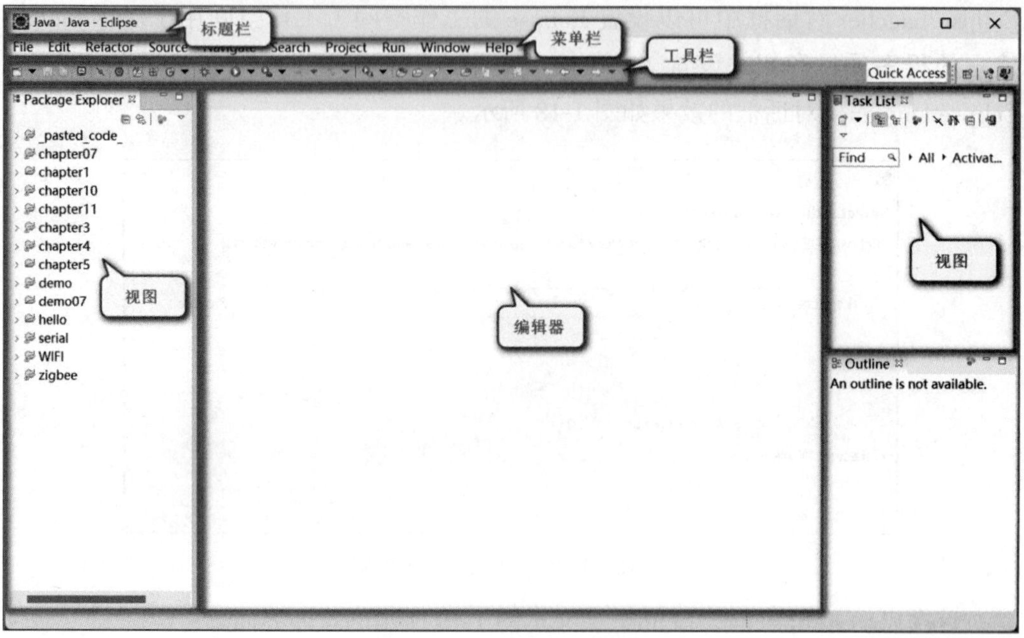

图 1-20 Eclipse 工作台

任务四 用 Eclipse 开发第一个 Java 程序

情景描述

Java 的开发环境和 Eclipse 已经安装好了。在 Eclipse 中编写程序，必须先创建项目。创建的 Java 项目用于管理和编写 Java 程序，然后就可以开发第一个 Java 应用程序了。

任务分解

根据上述工作情景，将任务分解如下：

1. 创建 Java 项目。
2. 创建 Java 源文件。
3. 编写 Java 程序。
4. 编译和运行 Java 程序。

任务实现

课前学习

扫描二维码观看视频，并思考下列问题：

开发第一个 Java程序

学习笔记

（1）在 Java 编程中，Java 编译器会将 Java 程序转换为（　　）。

A．字节码　　B．可执行代码

C．机器代码　　D．以上都不对

（2）编译 Java 源程序文件产生的字节码文件的扩展名为（　　）。

A．java　　B．class　　C．Html　　D．exe

（3）java 源码文件的名称与主类的名称（　　）。

A．必须相同但不区分大小写　　B．必须相同且区分大小写

C．必须不同　　D．任意

课堂学习

小航同学：师傅，各项工作都准备好了，接下来是不是要写程序了，好期待呀！快些教我们吧！

师傅：好吧，接下来就给大家讲解如何编写 Java 程序。

一、创建 Java 项目

（1）选择“File”→“New”→“Java Project”命令，来创建一个 Java 工程，如图 1-21 所示。

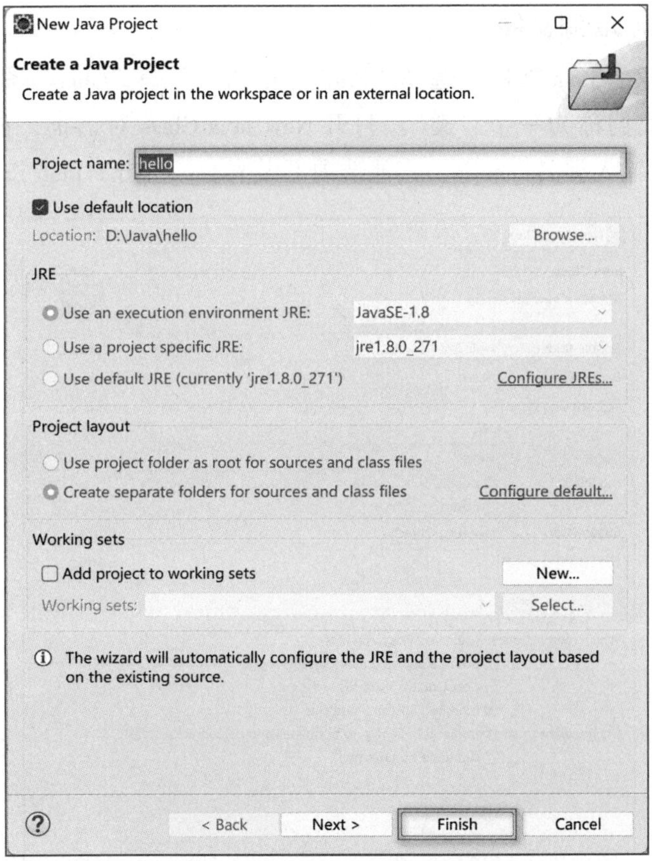

图 1-21　New Java Project 对话框

学习笔记

此时要注意 JAR、Project layout、Working sets 选项区的含义及配置。

- JAR 选项区：选择 JRE 运行的版本，默认使用 Eclipse 内置的 JRE。
- Project layout 选项区：选择是否把 Java 源文件和字节码文件分开放置。
- Working sets 选项区：把该工程放入某个工作集，工作集是工程的分类。

（2）在 Project name 文本框中输入工程名字：hello，其他部分选项暂不修改，然后单击 Finish 按钮，即可创建一个名字为 hello 的 Java 工程。

可以看到图 1-22 中工作台左侧的 Package Explorer 视图内出现了创建的工程。

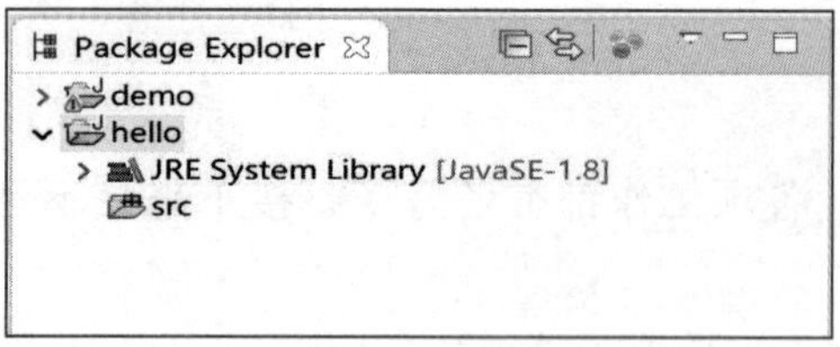

图 1-22 Package Explorer 视图

其中根节点 hello 为工程名，其下 src 文件夹为工程内部的源文件夹。当然，目前还没有创建任何 Java 文件，所以 src 目录为空。JRE System Library 是要开发和运行 Java 程序所需的一些资源文件。

二、创建 Java 源文件

接着开始创建 Java 文件，选择“File”→“New”→“Class”命令，新建一个 Java 源文件，我们称为一个“类”。打开 New Java Class 对话框，如图 1-23 所示，在 Name 文本框输入类名：hello，其他选项不做改动，单击 Finish 按钮。

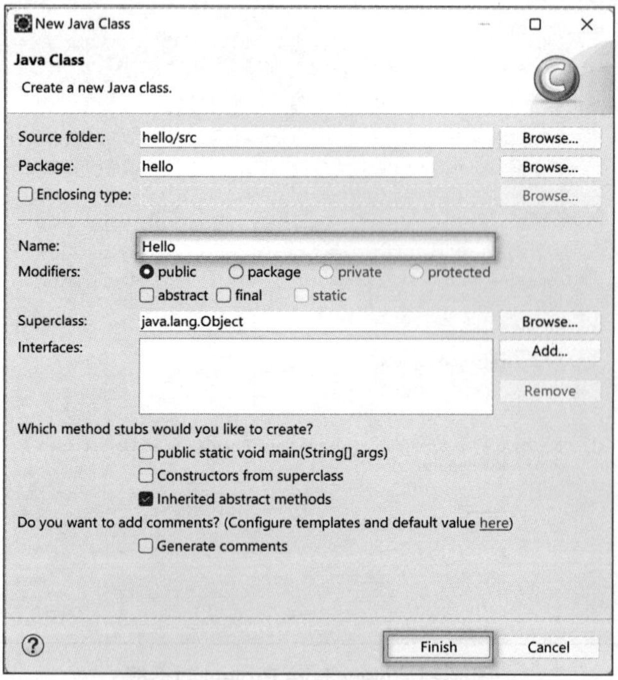

图 1-23 New Java Class 对话框

学习笔记

此时，会发现 src 目录下已经多了一个 Hello.java 的文件，并且 Eclipse 中间的源代码部分也变成编辑状态，如图 1-24 所示。

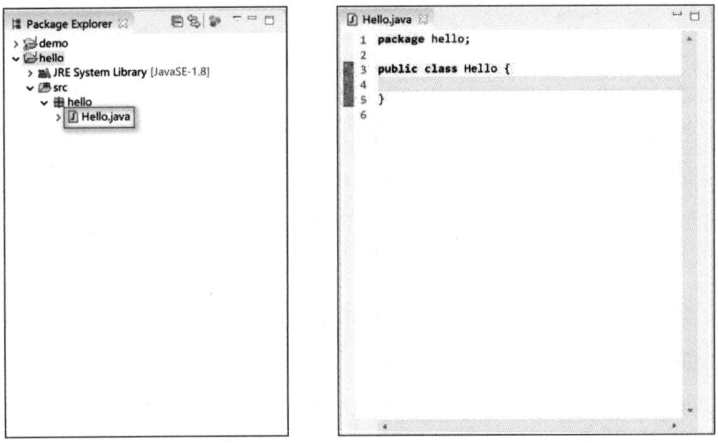

图 1-24　Hello.java 文件

三、编写代码

修改 Hello.java 的代码如下，注意大小写。会发现在输入代码时，Eclipse 编辑器能自动完成一些操作，如语法检查和代码自动完成等。

```
package hello;

public class Hello {
    public static void main(String[] args) {
        System.out.print(" 你好，欢迎走进 Java 编程世界！！！ ");
    }
}
```

Hello.java 的代码运行结果如图 1-25 所示。

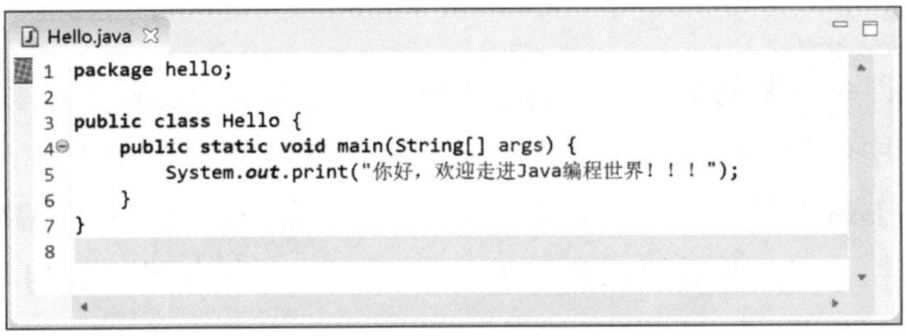

图 1-25　Hello.java 的代码运行结果

至此，代码编辑完成，按【Ctrl+S】组合键保存后，就可以运行这段代码了。

四、编译运行

单击工具栏上的“运行”按钮，选择“Run as”→“Java Application”命令，运行 Hello.java 程序，控制台输出的结果如图 1-26 所示。

学习笔记

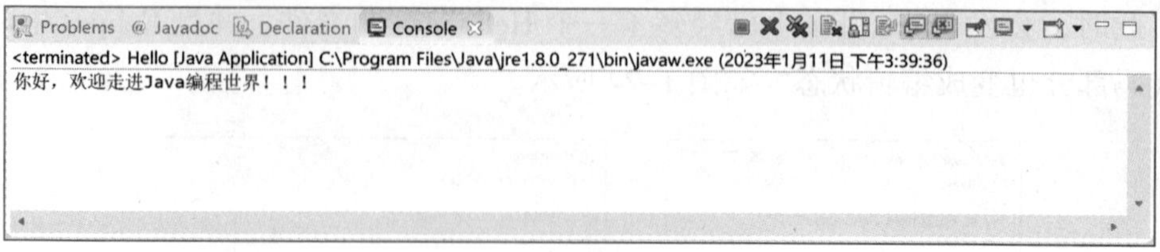

图 1-26　控制台输出结果

现在你们是不是明白了，对于 System.out.print("......") 这个句子，它的功能是负责将内容输出到控制台上，在引号内输入的任何字符串在运行时会原样输出到控制台上。

通过这个案例明确了要开发一个 Java 应用程序，需要以下三个步骤：

第一步，编写 Java 源文件（*.java）。

第二步，对 Java 源文件进行编译，得到与平台无关的二进制字节码文件（*.class）。

第三步，执行二进制字节码文件，得到结果。

对于我们来说，只执行了第一步和第三步，那么第二步呢？我们并没有把这个 Hello.java 文件编译为字节码文件，为什么程序能够执行呢？

其实很简单，java 程序要执行，一定是执行 class 文件，既然没有编译，就一定是Eclipse 自动帮我们编译了。事实就是这样，在我们保存 Java 类时（按【Ctrl+S】组合键），Eclipse 会自动编译 Java 程序。

编译生成的 class 文件会自动保存到工程下面的 bin 目录下的文件夹中，所以不需要编译就可以直接运行。

任务五　给 Java 应用程序打包

情景描述

Java 拥有许多开源的类库，在企业中公司也会根据自己的需求去定制应用类。Java 中的 JRE 中包含一些常用的类库，文件的扩展名是 jar，是 Java Archive File 的简称，意思是 Java 归档文件。JDK 中就提供了 jar 命令，可将我们编写好的类文件打包成 jar 文件，jar 文件需要用解压缩软件打开。本任务讲解如何将刚才编写的 hello 程序进行打包。

任务分解

根据上述工作情景，将任务分解如下：

1. 给 Java 应用程序打包。
2. 测试运行 jar 包。

任务实现

学习笔记

课前学习

扫描二维码观看视频，并思考下列问题：

如何给自己编写的应用程序打包发布？

给Java应用程序打包

课堂学习

小航同学：师傅，应用程序已经编写好了，如何让用户使用我们的应用程序呢？

师傅：要想让用户使用我们的应用程序，就必须给程序打包发布才行。接下来将刚才编写的 hello 程序（见图 1-27）进行打包。

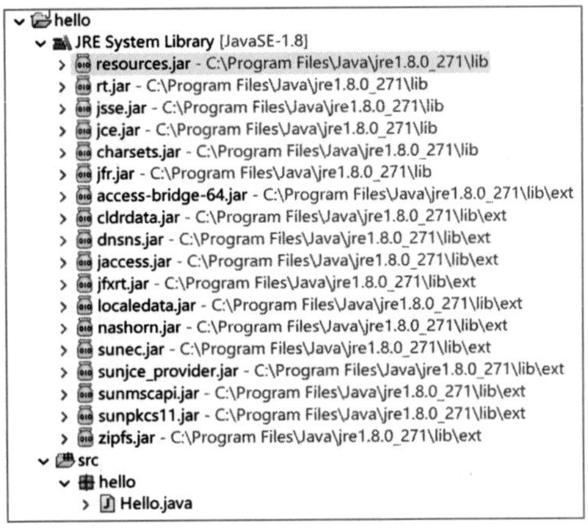

图 1-27 程序目录

具体的打包步骤如下：

单击 hello 项目，右击后选择“Export”→“Java”→“Runable JAR file”命令，打开 Export 对话框，如图 1-28 所示。

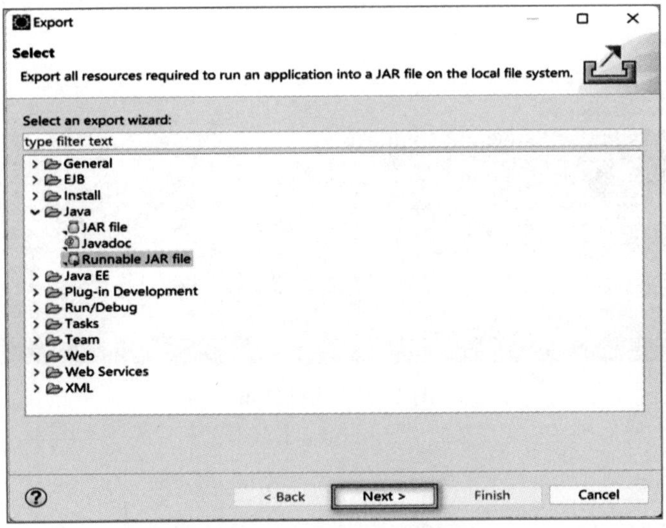

图 1-28 Export 对话框

学习笔记

单击 Next 按钮，在 Launch configuration 的下拉列表中选择程序启动时运行的主类（即项目中带有 main 方法的类）。

单击 Export destination 后面的 Browse 按钮，选择文件存放的路径，并输入文件名，如图 1-29 所示。其余选项保持默认不变。

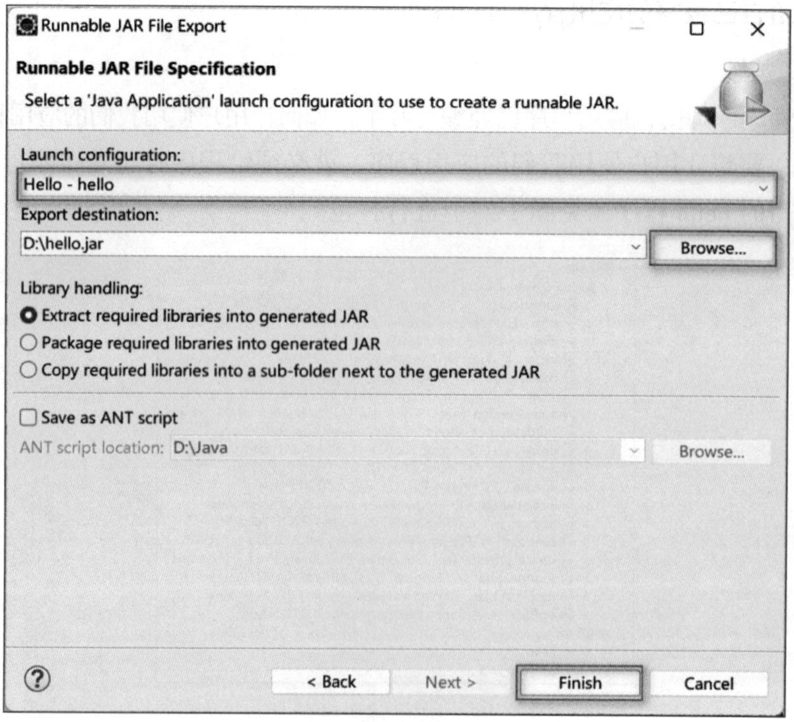

图 1-29 选择文件存放的路径

最后单击 Finish 按钮完成打包，可以看到在存放路径下生成了一个 jar 文件。

我们可以使用 Java 中的 jar 命令来运行 jar 文件，打开“命令提示符”窗口，进入保存 jar 包的目录，输入：java －jar hello.jar，便可看到运行结果，如图 1-30 所示。

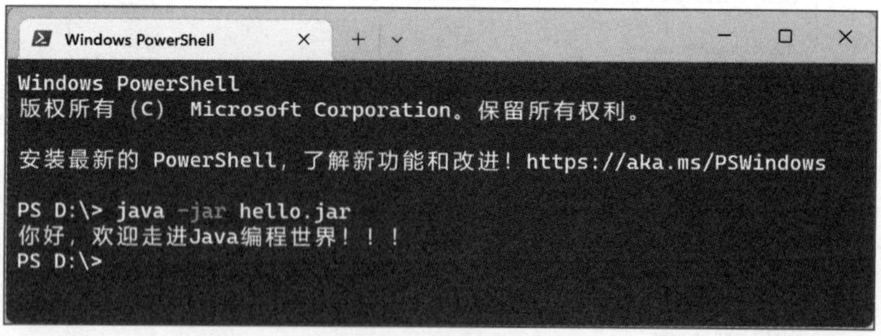

图 1-30 运行结果

实训　实现管理系统主界面模块功能

学习笔记

课前学习

扫描二维码观看视频，并思考下列问题：

智慧校园管理系统有哪些功能?

实现管理系统主界面模块功能

课堂实训

一、实训目的

熟练掌握如何使用 Eclipse 编写和运行 Java 程序。掌握 Java 的输出语句，并利用 Java 输出语句编写模拟的智慧校园管理系统主界面，从而熟悉如何对一个系统进行功能分析。

二、实训要求

1．分析智慧校园管理系统实现哪些功能。

2．使用 Java 的输出语句编写程序，在控制台输出智慧校园管理系统模拟界面，如图 1-31 所示。

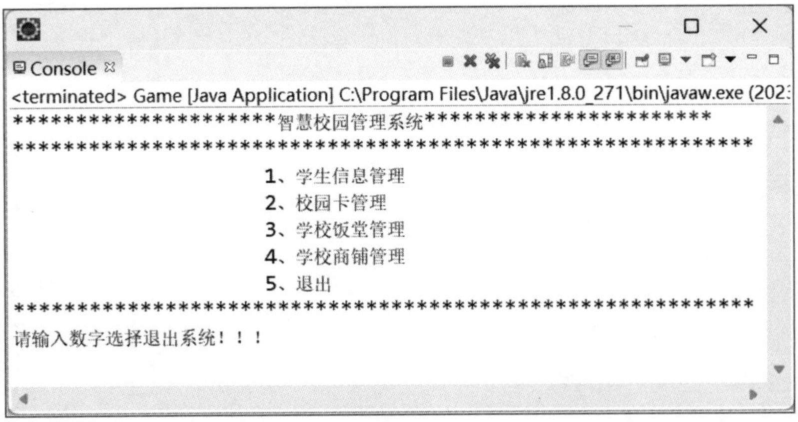

图 1-31　智慧校园管理系统模拟界面

学习笔记

三、实训评价

姓名：________________ 完成日期：________________

序号	考核内容	标准分	评分
1	创建出项目文件	20	
2	创建出 Java 主类	20	
3	完成智慧校园管理系统主要功能设计	20	
4	按照例图样式，完成信息输出	20	
5	完成任务收获积累：	20	
总评分		100	

四、学习笔记

学习笔记

学习笔记

项目二

智慧校园之超市购物模块功能实现

学习笔记

项目导入

本项目通过分析超市购物模块要实现的功能，按照模块功能生成代码，了解Java的语法基础，并利用基本语法基础打印出超市购物小票，从而熟悉Java应用程序是如何一步一步开发出来的，具体任务列表如下：

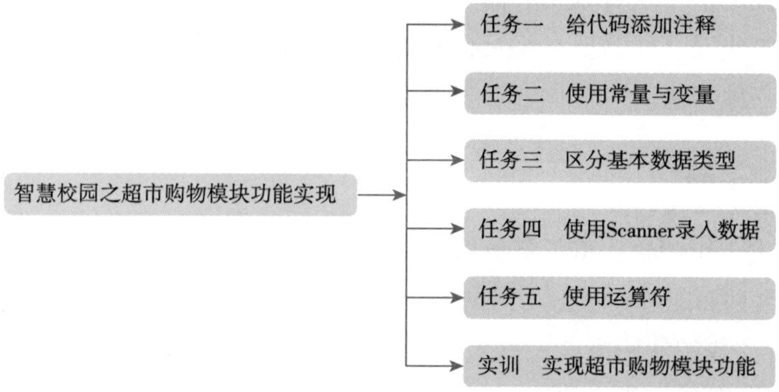

学习目标

◎知识目标

1. 掌握三种注释的使用方法。
2. 掌握标识符的命名规则。
3. 掌握变量和常量的声明和使用。
4. 掌握基本数据类型数据的定义和使用。
5. 掌握 Scanner 类的创建，使用 Scanner 类录入数据。
6. 掌握自增、自减运算符，以及逻辑运算符的使用方法。

◎技能目标

1. 能熟练掌握每种注释方法的使用场景。

学习笔记

2. 能熟练地定义简洁、清晰、易于理解和记忆的变量。

3. 能熟练根据项目要求选用合适的数据类型。

4. 能熟练掌握使用 Scanner 类接收不同类型的数据。

5. 能熟练使用运算符进行各种运算。

◎素养目标

1. 了解程序设计规范的重要性。

2. 使用计算机语言解决现实生活中的问题，提升逻辑思维能力、分析和解决问题的能力。

任务一　给代码添加注释

情景描述

代码注释在编程中扮演着至关重要的角色，它们为代码提供了额外的信息，帮助程序员和其他阅读者更好地理解代码的目的、功能以及实现细节。编写智慧校园管理系统的程序，模块有分工，需要组员们相互配合才能完成。要想让别人轻松地读懂自己写的代码，就需要在编写代码时给程序加上注释。本任务主要介绍给代码添加注释的三种方法。

任务分解

根据上述工作情景，将任务分解如下：

1. 单行注释的使用方法。

2. 多行注释的使用方法。

3. 文档注释的使用方法。

任务实现

课前学习

扫描二维码观看视频，并思考下列问题：

（1）什么是代码注释？代码注释有什么作用？

（2）代码注释有哪几种？

代码注释

课堂学习

一、代码注释

小航同学：师傅，如果有一天我写了很多行代码，如何能让其他人轻松读懂我写的代码呢？

学习笔记

师傅：要想让别人轻松地读懂自己写的代码，就需要在编写代码时给程序加上注释。

小航同学：师傅，什么是注释呢?

师傅：注释就是对代码的解释和说明，其目的是让人们能够更加轻松地了解代码。注释是编写程序时，写程序的人给一个语句、程序段、函数等的解释或提示，能提高程序代码的可读性。

注释只是为了提高可读性，不会被计算机编译。

Java 提供了三种代码注释的方法，分别是单行注释、多行注释和文档注释，这些注释在 Eclipse 中的表现方法如图 2-1 所示。

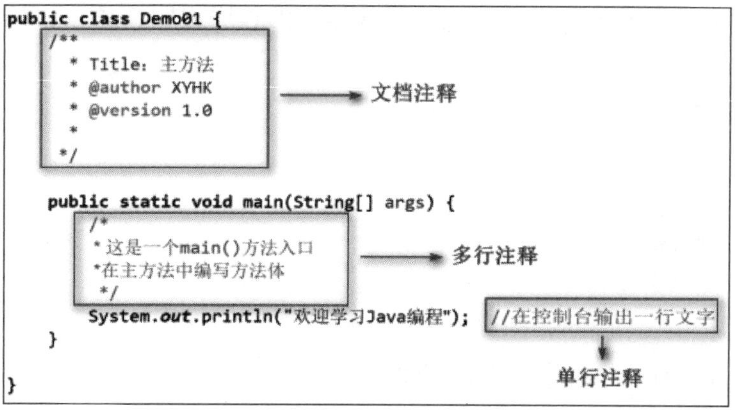

图 2-1　三种代码注释的方法

1. 单行注释

Java 中常用“//”来标记单行注释，从符号“//”开始直到换行为止所有内容均作为注释，编译器不会进行编译。

语法格式如下：

```
// 这是单行注释
```

例如，为声明的 int 型变量添加单行注释。

```
int  age;            // 声明 int 型变量，用于保存年龄信息
```

2. 多行注释

Java 中常用“/*　*/”来标记多行注释，符号“/*”与“*/”之间的所有内容均为注释，编译器不会进行编译。

语法格式如下：

```
/*
     * 注释内容 1
     * 注释内容 2
*/
```

学习笔记

例如，对 main() 方法进行多行注释说明。

```
public static void main(String[] args) {
    /*
        * 这是一个 main() 方法入口
        * 在主方法中编写方法体
    */
    int  age;
}
```

二、文档注释

Java 中采用“/**…… */”格式为文档进行注释，然后通过 JDK 提供的工具 javadoc 来解析，生成一套以网页文件形式体现的程序说明文档。文档注释一般用于注释类或方法。

语法格式如下：

```
/**
    * 注释内容 1
    * 注释内容 2
    *
*/
```

例如，为类 Demo01 进文档注释说明。

```
public class Demo01 {
    public static void main(String[] args) {
        System.out.println(" 欢迎学习 Java 基础编程 ");
    }
}
```

任务二　使用常量与变量

情景描述

在编写超市购物模块的程序时，会用到不同类型的数值记录商品的价格、折扣、保存日期、保存温度等信息，要想使用数值，必须要使用变量或常量。

任务分解

根据上述工作情景，将任务分解如下：

1. 什么是标识符？标识符的命名规则是什么？
2. 变量如何声明和使用？
3. 常量如何声明和使用？

学习笔记

变量与常量

任务实现

课前学习

扫描二维码观看视频，并思考下列问题：

（1）下面（　　）是合法的标识符。

A．class　　B．<weight>　　C．_name　　D．3color

（2）下面（　　）是 Java 的关键字。

A．radius　　B．x　　C．y　　D．int

（3）简单描述变量命名的规则。

课堂学习

小航同学：师傅，在编写程序时，我们如何表示数值呢？

师傅：在编写程序时，要想处理数值，我们需要引入变量和常量。

在日常生活中，常用一些概念来存储经常变化的量。例如，人的身高，可以说身高 1.74 m、1.86 m；气温可以说 37 ℃、–6 ℃。对于像身高、气温这些数据在不同的环境中会发生变化的量，我们通常称为变量。对于一些如圆周率、光速等恒定不变的量，我们称为常量。

同理，在程序执行中，值会发生变化的量称为变量。值不能发生改变的量，称为常量。

本节将介绍标识符、关键字以及变量与常量的使用方法。

一、标识符

用来标识类名、变量名、方法名、数组名、文件名等有效字符序列称为标识符，简单来说标识符可以理解为一个名字。

Java 编程语言中规定标识符由任意顺序的字母、下划线（_）、美元符号（$）、和数字组成，第一个字符不能是数字，并且不能是 Java 关键字。

合法的标识符如下：

```
UserName
User_Name
$change
_password
```

非法的标识符如下：

```
2username      // 不可使用数字开头
User-Name      // 不可使用 - 隔开
User name      // 不可使用空格隔开
```

在 Java 程序中，标识符中的字母是区分大小写的，如 Age 和 age 是不同的标识符。

Java 语言使用 Unicode 标准字符集，最多可标识 65 535 个字符，因此，Java 中的标识符不仅可以包含通常的拉丁字母 a、b、c 等，也可以包括汉字、日文以及其他的许多语言中的文字。

Java 标识符可以使用中文命名，但不推荐使用中文命名。因为 Java 是一种可以跨平台的开发语言，会发生中文标识符显示成乱码的情况。

编写 Java 代码时，有一套公认的命名规范：

（1）类名使用 UpperCamelCase 风格，第一个单词首字母必须大写，后续单词首字母大写。

（2）方法名、参数名、成员变量、局部变量都统一使用 lowerCamelCase 风格，第一个单词首字母小写，后续单词首字母大写。

（3）常量命名全部大写，单词间用下划线隔开。

（4）单词的拼接使用 userLastName 的方式拼接，而不是 user_Last_Name。

二、关键字

在 Java 语言中，关键字是被赋予特定意义的一些单词，不可以把这类词作为标识符来用。Java 中的关键字见表 2-1。

表 2-1　Java 中的关键字

abstract	assert	boolean	break	byte	case
catch	char	class	continue	default	do
double	else	enum	extends	final	finally
float	for	if	implements	import	int
interface	instanceof	long	native	new	package
private	protected	public	return	short	static
strictfp	super	switch	synchronized	this	throw
throws	transient	try	void	volatile	While
goto	const	true	false	null	

三、变量的声明和使用

小航同学：师傅，在编写程序时，应该如何使用变量呢？

师傅：在编写 Java 程序时，使用变量必须遵循先声明后使用的原则。

1. 声明变量

前面我们介绍过，变量就是可以改变的量。我们可以把变量当作一个“水杯”，给变量赋值就相当于给水杯中倒水。变量可以不断地变换，相当于水杯可以反复使用一样。

例如，要定义一个变量，用来保存学生的年龄，要完成这个变量的定义，要考虑哪些因素？

学习笔记

首先，要考虑数据类型，为每个变量选择最佳的数据类型，这样编译器才知道需要分配多少空间给它。

其次，考虑变量的命名，最好是变量名和实际用途联系起来，这里的年龄可以用 age 来命名。

最后，要考虑要不要给变量赋值，如果定义时不赋值，在后续使用过程中也可以赋值。

Java 语言中给变量声明的语法规范是：

```
数据类型    变量名 = 值;
```

例如，声明一个用来保存年龄的变量，并且给它赋初值为 20。

```
int   age=20;
```

2. 使用变量

定义完变量后，就可以使用该变量了。

例如，定义并输出一个学生的姓名和年龄。

```
public class StuDemo02 {
    public static void main(String[] args) {
        // 定义一个整型变量保存学生年龄
        int stuAge;
        String stuName;         //定义一个字符串变量，用来保持学生姓名
        stuAge=20;              //给年龄赋值
        //给姓名赋值
        stuName=" 小爱 ";
        //输出学生信息
        System.out.println(stuName);
        System.out.println(stuAge);
    }
}
```

运行结果如图 2-2 所示。

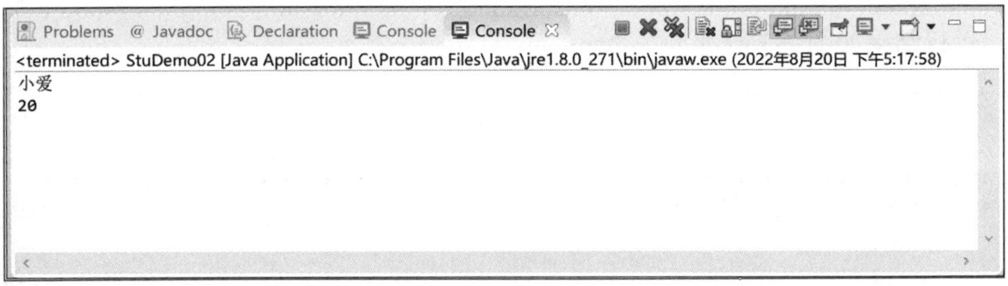

图 2-2　运行结果

使用变量的过程，就是根据变量名，找到对应的内存空间，把里面的值取出的过程。

学习笔记

四、常量的声明和使用

小航同学：师傅，刚才我们学习了如何使用变量，那么常量又是如何使用的呢？

师傅：在编写 Java 程序时，常量也是遵循先声明后使用的原则。

1. 声明常量

前面我们讲过，在程序运行过程中一直不发生变化的量称为常量。常量在整个程序中只能被赋值一次，如果常量被多次赋值，那么在编译过程中就会发生错误。

在 Java 中，常量的声明除了要指定数据类型外，还需要用 final 关键字来进行限定。声明常量的语法格式为

```
final double 变量名 = 变量值；
```

例如，声明一个常量 PI，用来表示圆周率。

```
final  double PI=3.14;      // 定义一个 double 型常量 PI
```

2. 常量的使用

定义完常量，就可使用了。

例如，定义一个常量 PI，用来表示圆周率，并根据半径的值，计算圆的面积。

```
public class Demo04 {
    public static void main(String[] args) {
        // 定义一个 double 型常量 PI
        final  double PI=3.14;
        // 定义一个 double 型变量 r 保存圆的半径
        double r=10;
        // 定义一个 double 型变量 s 保存圆的面积
        double s;
                // 计算圆的面积
        s=PI*r*r;
            // 输出圆的面积
        System.out.print(" 半径为："+r+" 的圆的面积为："+s);
    }
}
```

运行结果如图 2-3 所示。

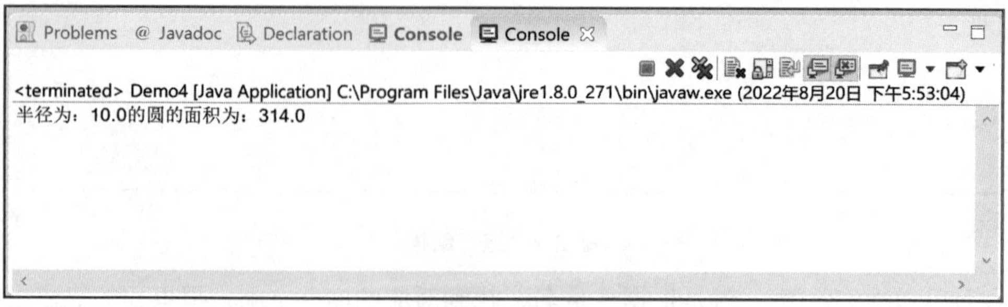

图 2-3　运行结果

学习笔记

任务三　区分基本数据类型

情景描述

在整理超市商品信息中，有些信息需要用数字记录，有些信息需要用字符记录，应该如何区分各种各样的数据类型呢？

任务分解

根据上述工作情景，将任务分解如下：

1. 常见的数据类型有哪些？
2. 整数类型、浮点类型、字符类型、逻辑类型数据如何定义和使用？
3. 不同类型数据之间如何进行转换？

任务实现

课前学习

1. 扫描二维码观看视频，并思考下列问题：

（1）以下不是 Java 基本数据类型的是（　　）。

A. int　　B. float　　C. Integer　　D. boolean

（2）int 类型变量在存储时需要（　　）内存空间。

A. 8 位　　B. 16 位　　C. 32 位　　D. 64 位

基本数据类型

2. 扫描二维码观看视频，并思考下列问题：

Java 数据类型转换的方法有哪几种？

数据类型转换

课堂学习

小航同学：师傅，在日常生活中，我们有时会遇到一些数字，有时会遇到的是字符，我们是如何进行区分的呢？

师傅：在现实生活中，有各种各样的数据类型，例如身高为 1.75 m（小数）、员工 28 人（整数）等。所以，在声明变量时必须指定存储信息的类型。不同类型的数据，在内存中分配的空间大小也不一样。

这里将重点介绍 Java 语言中的基本数据类型。

在 Java 语言中，一共有八种原始数据类型，可分为以下四种类型，分别为整数类型、浮点类型、字符类型和逻辑类型。

一、整数类型

整数类型的变量或常量只能用来存储整数，即没有小数部分的数值。可以是整数也可以是负数。

学习笔记

在 Java 中有四种整数类型，根据它们在内存中所占大小不同，可分为 byte、short、int 和 long。它们的内存大小与取值范围见表 2-2。

表 2-2 整数类型的内存大小与取值范围

数据类型	内存分配空间		取值范围
	字节	长度	
byte（字节）	1 字节	8 位	-2^7 ~ 2^7-1（−128 ~ 127）
short（短整型）	2 字节	16 位	-2^{15} ~ $2^{15}-1$（−32 768 ~ 32 767）
int（整型）	4 字节	32 位	-2^{31} ~ $2^{31}-1$（−2 147 483 648 ~ 2 147 483 647）
long（长整型）	8 字节	64 位	-2^{63} ~ $2^{63}-1$（−9 223 372 036 854 775 808 ~ 9 223 372 036 854 775 807）

下面分别对这四种整数类型进行介绍。

1. byte 型

声明 byte 型变量，声明代码如下：

```
byte a;
byte b,c;
byte x=10,y=-20;
```

2. short 型

声明 short 型变量，声明代码如下：

```
short a;
short b,c;
short x=10,y=-20;
```

3. int 型

声明 int 型变量，声明代码如下：

```
int a;
int b,c;
int x=10,y=-20;
```

4. long 型

声明 long 型变量时，数值后必须添加字母 L 或 l（小写的 L）用于和 int 进行区分。声明代码如下：

```
public class Demo05 {
    public static void main(String[] args) {
        long num;
        long number;
        long number1=12345678L,number2=-987654321L;
        num=number1*number2;
    }
}
```

二、浮点型数值

浮点型数值表示带有小数部分的数。Java 中浮点类型分为单精度浮点数（float）和双精度浮点数（double），内存大小与取值范围见表 2-3。

表 2-3　浮点类型的内存大小与取值范围

数据类型	内存分配空间		取值范围
	字节	长度	
float	4 字节	32 位	1.4E–45 ~ 3.4028235E38
double	8 字节	64 位	4.9–E324 ~ 1.797693134862231 57E308

在默认情况下小数都被看作是 double 型，若想使用 float 型声明小数，需要在小数后添加 F 或 f。

声明代码如下：

```
public class Demo06 {

    public static void main(String[] args) {
        //定义单精度浮点数 f1
        float  f1=16.88f;
        //定义双精度浮点数 d1
        double d1=3.1425;
    }
}
```

课堂练习

1．编程实现将 36 摄氏度转换为整型的华氏度。（提示：华氏度 =32+ 摄氏度 * 1.8）。

2．已知半径为 r=5 的球，其体积的计算公式为 $V=\frac{4}{3}\pi r^3$，这里取 π = 3.14。计算球的体积。

三、字符类型

1. char 型

在程序中，还经常需要保存字母、数字符号、标点符号和其他符号等，这就需要用到另外一种数据类型——字符型。字符型变量或常量在内存中被分配两个字节的空间，用来存储单个字符。在 Java 语言中，使用关键字 char 来声明字符型常量或变量，在声明时，要以单引号表示，例如 'a' 表示一个字符。

声明代码如下：

```
//声明一个字符型变量，用来保存字母 a
char  ch1='a';
//声明一个字符型变量，用来保存性别
char gender='男';
```

学习笔记

Java 可以把字符作为整数对待，对字符采用的是 Unicode 编码，可以存储 65536 个字符。所以在 Java 语言中，几乎可以处理世界上所有国家或地区的语言文字。

2. 转义字符

在 Java 语言中，有些字符不能通过键盘输入到程序中，例如，回车符、换行符等，这就需要使用 Java 中的转义字符常量。Java 中常见的转义字符及其含义见表 2-4。

表 2-4 Java 中常见的转义字符及其含义

转义字符	含 义
\n	表示换行
\t	表示横行跳格，作用同【Tab】键
\b	表示退格
\r	表示回车
\f	表示走纸换页
\\	表示反斜杠
\'	表示单引号
\"	表示双引号字符
\d	表示八进制字符
\xd	表示十六进制字符
\ud	表示 Unicode 字符

四、逻辑类型

逻辑类型又称为布尔类型，在 Java 中，要保存逻辑值 true（真）或 false（假），需要声明逻辑型的常量或变量。声明逻辑类型的常量或变量，需要用关键字 boolean。

语法格式如下：

```
boolean flag=false;      // 声明一个 boolean 类型的变量，初始值为 false
flag=true;          // 改变 flag 变量的值为 true
```

布尔型的变量或常量，只能接受 true 和 false 这两个逻辑值，不能向布尔型变量赋予 true 和 false 之外的其他值。

五、数据类型转换

当把一种数据类型变量的值赋予另外一种数据变量时，或者不同类型的数据或数据变量混合在一起进行运算时，就需要对数据进行相应的转换。

例如，商品的整数定价和非整数定价相加。

```
public class demo07 {
    public static void main(String[] args) {
        int oldPrice=1;                  // 定义一种食品，价格为 1 元
        // 涨价
        double addPrice=0.5;
```

```
        //最新价格
        double newPrice=oldPrice+addPrice;
        System.out.println(newPrice);
    }
}
```

从这个例子中可以看出，食品原来的价格是 1 元（int 类型），后来涨价 0.5 元（double 型）。两者相加时数据类型不统一，存储结构不一致，Java 编译器自动把 int 类型的数据转化成了 double 类型的数据进行相加。在编程语言中，不同数据类型混合运算时，会自动把“较小”类型的数据提升为“较大”类型的数据。最终得到的结果也是“较大”类型的数值。

如果我们把第 5 行代码改成如下代码时：

```
int newPrice=oldPrice+addPrice;
```

则系统会提示错误：Type mismatch: cannot convert from double to int 。不能把 double 类型转化为 int 类型。

在 Java 中，不同数据类型之间的转换可分为两种情况：自动类型转换和强制类型转换。

1. 自动类型转换

在对变量进行赋值时，如果是将低级数据类型的数据，赋给高级数据类型时，Java 会自动完成从低级类型向高级类型的转换。

各数据类型从低级到高级的转换顺序如图 2-4 所示。

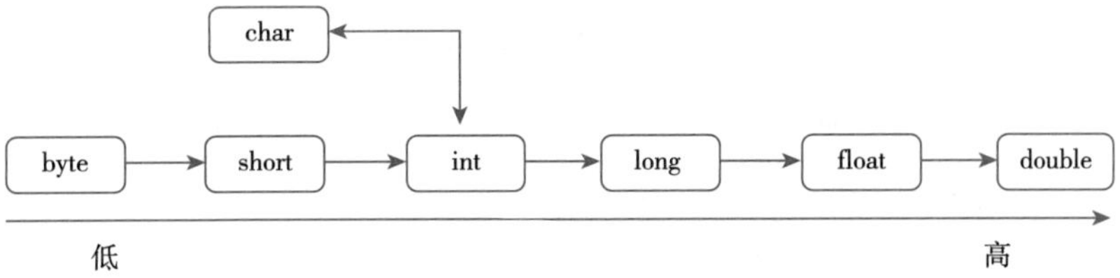

图 2-4　数据类型从低级到高级的转换顺序

2. 强制类型转换

在对变量进行赋值时，有时需要把高级数据类型的数据赋给低级数据类型的数据，这时 Java 不会自动完成类型的转换，必须进行强制类型转换。

语法格式如下：

```
(目标类型) value
```

例如，将不同数据类型的数据进行强制转换。

```
    public class demo10 {
    public static void main(String[] args) {
```

学习笔记

```
        int num1=(int)36.88;            //double 类型强制转换为 int
        long num2=(long)488.88f;        //float 类型强制转换为 long
        char c=(char)97.23;             //double 类型强制转换为 char
        System.out.println("36.88 强制转换为 int 的结果为: "+num1);
        System.out.println("488.88f 强制转换为 long 的结果为: "+num2);
        System.out.println("97.23 强制转换为 char 的结果为: "+c);
    }
}
```

运行结果如图 2-5 所示。

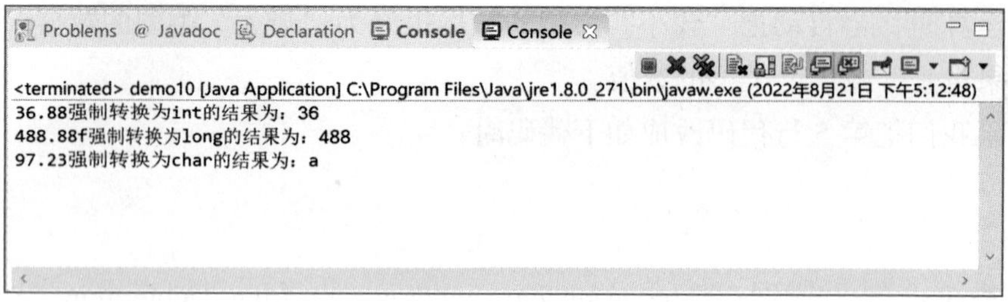

图 2-5 运行结果

从上述案例来看，对于强制性类型转换，有可能会损失一定精度的数据。所以除非需要，不要轻易进行强制类型转换。

任务四 使用 Scanner 录入数据

情景描述

在智慧校园管理系统中，有些数据需要用户输入，如密码、金额等，这时可以使用 Scanner 对象进行数据录入。

任务分解

根据上述工作情景，将任务分解如下：

使用 Scanner 录入数据。

任务实现

课前学习

扫描二维码观看视频，并思考下列问题：

如何使用 Scanner 录入数据。

使用Scanner 录入数据

课堂学习

使用 Scanner 录入数据

小航同学：师傅，在实际应用中，程序里面变量的值都是用户输入的。例如，

学习笔记

去银行办理一张校园卡，需要客户输入密码。那么在 Java 程序中，怎样接收用户输入的信息呢?

师傅：我们需要借助称作 Scanner 的“扫描器”来完成，要使用 Scanner 这个工具，首先要告诉编译器它在哪里，并创建一个 Scanner 扫描器，然后通过扫描器解析用户输入的数据。

例如，用 Scanner 识别用户的年龄。

```
import java.util.Scanner;                //先导入 Java.util.Scanner 包
public class demo11 {
    public static void main(String[] args) {
        //创建 Scanner 类的对象
        Scanner scanner=new Scanner(System.in);
        int age=scanner.nextInt();      //创建一个 int 变量来接收数据
        //输出数据
        System.out.println("我的年龄是："+age);
    }
}
```

上例中，第 1 行首先要导入 Scanner 包，告诉编译器 Scanner 在哪个位置。接着在第 5 行创建一个 Scanner 对象，system.in 表示系统标准输入（也就是用户输入的内容）；第 6 行借助于 Scanner 的 nextInt 功能接收一个整型数字，并赋值给 age 变量；在第 8 行输出 age 的值。

运行结果如图 2-6 所示。

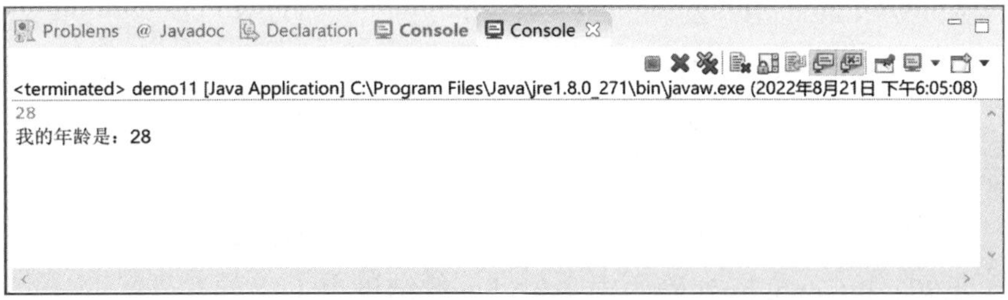

图 2-6　运行结果

课堂练习

编写程序，要求从控制台输入学生的姓名、年龄、体重，按要求进行输入。

运行结果如图 2-7 所示。

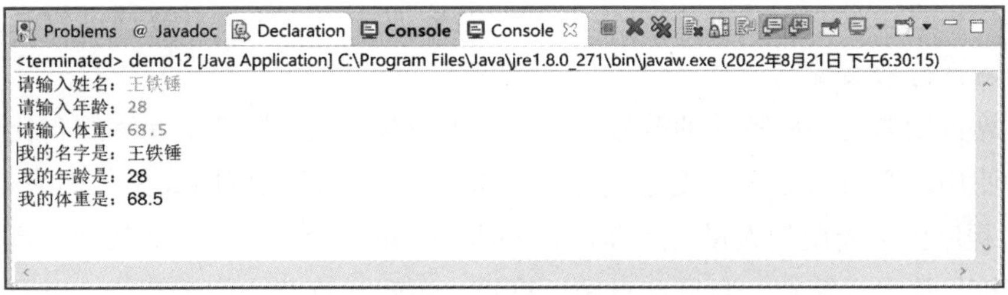

图 2-7　运行结果

学习笔记

任务五　使用运算符

情景描述

在日常生活中，常常需要对数据进行各种运算。

任务分解

根据上述工作情景，将任务分解如下：

1. 如何给变量进行赋值？
2. 如何使用算术运算符进行计算？
3. 如何使用自增和自减运算符？
4. 如何使用逻辑运算符？
5. 如何使用位运算符？

任务实现

课前学习

扫描二维码观看视频，并思考下列问题：

运算符的使用1

（1）已知：int x=8, y=3; 则 x%y 的值为（　　）。

A．5　　B．2　　C．0　　D．3

（2）（5>13）||（3<8）的计算结果为（　　）。

A．非 0　　B．true　　C．0　　D．false

（3）10/6 的结果为（　　）。

A．1　　B．1.6　　C．1.7　　D．2

（4）已知：int a=5, b=7; 表达式 a<b ? b:a 的结果为（　　）。

A．0　　B．5　　C．7　　D．12

课堂学习

小航同学：师傅，在编写程序过程中，如果我想对程序中的数据进行变换，该如何处理呢？

师傅：在 Java 中，我们将对数据的变换称为运算。要想对数据进行变换，需要借助运算符来实现。

运算符指的是一些特殊的符号，它们用于数学函数、赋值语句和逻辑比较等方面。而使用运算符将运算数据连接起来的符合 Java 语法规则的式子，称为表达式。在 Java 程序中，会用到大量的运算符和表达式。Java 中，共有以下几种运算符：赋值运算符、算术运算符、自增和自减运算符、逻辑运算符、位运算符，以及三元运算符。

学习笔记

一、赋值运算符

赋值运算符为“=”。赋值运算符为二元运算符，它的左边必须是变量，不能是常量或表达式，右边的操作数可以是变量或者有效的表达式。赋值运算符的含义，就是将运算符“=”右边的值赋给其左边的变量。

例如，将 188 赋值给 num 变量。

```
int num=188;      //将188赋值给num变量
```

课堂练习

编写一个程序，计算两个数的和并输出。

参考代码如下：

```
public class demo13 {
    public static void main(String[] args) {
        int num1=188,num2,sum;    //将188赋值给num1变量
    num2=12;                      //将12赋值给num2变量
    sum=num1+num2;                //将num1与num2的和赋值给sum
    System.out.println("num1="+num1);
    System.out.println("num2="+num2);
        System.out.println("num1+num2="+sum);
  }
}
```

二、算术运算符

小航同学：师傅，在 Java 中用来完成的算术运算的运算符都有哪些？

师傅：在 Java 语言中，共有五种算术运算符来完成基本的算术运算，分别是：+（加号）、–（减号）、*（乘号）、/（除号）、%（取余），它们都是二元运算符。它们的功能及使用方法见表 2-5。

表 2-5　算术运算符的功能及使用方法

运算符	表达式	结果	含义
+	10+5	15	加
–	8–3	5	减
*	3*8	24	乘
/	8/3	2	除
%	7%4	3	取余

课堂练习

编写一个程序，用户输入两个数，分别用加、减、乘、除、取余来进行计算。

参考代码如下：

```
import java.util.Scanner;        //导入Java.util.Scanner包
public class demo15 {
   public static void main(String[] args) {
```

学习笔记

```
        System.out.println(" 请先输入第 1 个数 ");
            //创建 Scanner 类的对象
        Scanner scanner=new Scanner(System.in);
            //接收第一个数字，赋值给 num1
        double num1=scanner.nextDouble();
        System.out.println(" 请输入第 2 个数 ");
            //接收第一个数字，赋值给 num2
        double num2=scanner.nextDouble();
            //计算两个数的和
        System.out.println("num1+num2 的和为: "+(num1+num2));
            //计算两个数的差
        System.out.println("num1-num2 的差为: "+(num1-num2));
            //计算两个数的积
        System.out.println("num1*num2 的积为: "+(num1*num2));
            //计算两个数的商
        System.out.println("num1/num2 的商为: "+(num1/num2));
            //计算两个数的余数
        System.out.println("num1%num2 的余数为: "+(num1%num2));
    }
}
```

三、自增和自减运算符

在编程中，有一种常见的任务是从一个整数变量上增加或减少 1，Java 提供了一类特别的运算符，称为自增运算符（++）和自减运算符（--）。使用自增或自减运算符可以减少代码量，使程序更加简洁。

++、-- 运算符为一元运算符，可以放在操作数之后，也可以放在操作数之前。

语法格式如下：

```
a++;                //先输出 a 的原值，后做 +1 运算
++a;                //先做 +1 运算，再输出 a 计算之后的值
a--;                //先输出 a 的原值，后做 -1 运算
--a;                //先做 -1 运算，再输出 a 计算之后的值
```

课堂练习

对一个整型变量的数先做自增运算，再做自减运算。

参考代码如下：

```
public class demo16 {
    public static void main(String[] args) {
        int num=1;                  //创建一个整型变量 num，赋初值为 1
        System.out.println("num="+num);       //输出 num 的值
        num++;                                //num 自增 1
        System.out.println("num++="+num);     //输出此时 num 的值
        num--;                                //num 自减 1
        System.out.println("num--="+num);     //输出此时 num 的值
    }
}
```

学习笔记

运行结果如图 2-8 所示。

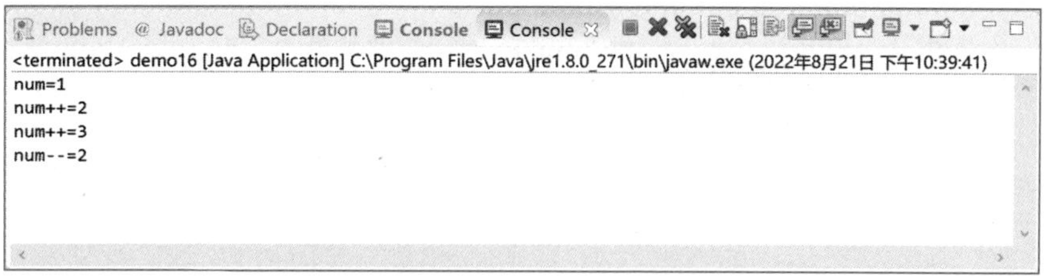

图 2-8　运行结果

四、关系运算符

小航同学：师傅，在编写程序时，我们如何给变量比较大小呢？

师傅：在编程中，有时需要对两个值进行比较，如比较两个人的年龄大小。在 Java 语言中，使用关系运算符来完成这样的比较。

Java 中关系运算符的功能及使用方法见表 2-6。

表 2-6　关系运算符的功能及使用方法

运　算　符	表　达　式	结　　果	含　　义
>	10>5	true	大于
<	8<3	false	小于
>=	3>=8	false	大于或等于
<=	2<=3	true	小于或等于
==	7==4	false	等于
!=	7!=4	true	不等于

运算符的使用2

课堂练习

编写一个程序，用户输入两个数，分别用各个关系运算符计算这两个数的关系。

参考代码如下：

```
import java.util.Scanner;        // 导入 Java.util.Scanner 包
public class demo17 {
    public static void main(String[] args) {
        System.out.println(" 请先输入第 1 个数 ");
        Scanner scanner=new Scanner(System.in);  // 接收第一个数字
        double num1=scanner.nextDouble();
        System.out.println(" 请先输入第 2 个数 ");    // 接收第二个数字
        double num2=scanner.nextDouble();
        // 输出小于的结果
        System.out.println("num1<num2 的结果为："+(num1<num2));
        // 输出大于的结果
        System.out.println("num1>num2 的结果为："+(num1>num2));
        // 输出等于的结果
        System.out.println("num1==num2 的结果为："+(num1==num2));
        // 输出不等于的结果
```

学习笔记

```
            System.out.println("num1!=num2 的结果为: "+(num1!=num2));
            //输出大于或等于的结果
            System.out.println("num1>=num2 的结果为: "+(num1>=num2));
            System.out.println("num1>=num2 的结果为: "+(num1>=num2));
            //输出小于或等于的结果
            System.out.println("num1<=num2 的结果为: "+(num1<=num2));
        }
    }
```

运行结果如图 2-9 所示。

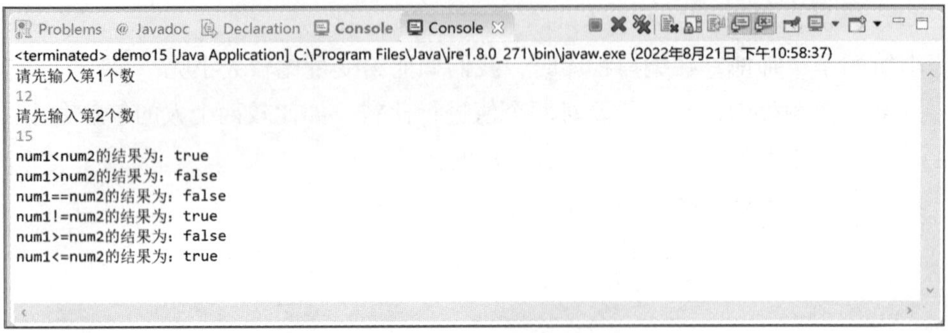

图 2-9 运行结果

五、逻辑运算符

小航同学：师傅，在编程中，有时需要将返回类型为 boolean（布尔）类型的表达式组合在一起，构成一个更加复杂的表达式。这样的情况该如何处理呢?

师傅：要想处理多个比较复杂的布尔表达式，要将多个表达式组合在一起，借助逻辑运算符来处理。

在 Java 中，逻辑运算符包括：&&（逻辑与）、||（逻辑或）、!（逻辑非）。逻辑运算符计算值必须为 boolean 型数据。在逻辑运算符中，“!”为一元运算符，其他都是二元运算符。Java 中逻辑运算符的功能及使用方法见表 2-7。

表 2-7 逻辑运算符的功能及使用方法

逻辑运算符	描　述	表达式
!（逻辑非）	将操作数的值改变，真反转为假，假反转为真	true
&&（逻辑与）	只有两个条件都为真才返回真，否则返回假	false
||（逻辑或）	两个条件任意一个为真就返回真，两个均为假则返回假	false

课堂练习

编写一个程序，先利用关系运算符计算出布尔结果，再用逻辑运算符做二次计算。

参考代码如下：

```
public class demo18 {
    public static void main(String[] args) {
        int num1=15;            //声明 int 型变量 num1
        int num2=18;            //声明 int 型变量 num2
```

学习笔记

```
        // 声明 boolean 型变量，用于保存逻辑运算符 && 后的结果
        boolean  result1=(num1>num2)&&(num1!=num2);
        // 声明 boolean 型变量，用于保存逻辑或后的结果
        boolean result2=(num1>num2)||(num1!=num2);
        System.out.println(result1);  // 输出变量 result1 的值
        System.out.println(result2);  // 输出变量 result2 的值
    }
}
```

输出结果如图 2-10 所示。

图 2-10　运行结果

六、条件运算符

条件运算符又称三元运算符，是“?”和“:”符号的组合，根据条件执行两个语句中的其中一个。

语法格式如下：

```
条件表达式 ?:语句 1:语句 2
```

说明：条件表达式：任何 boolean 表达式。
语句 1：当条件表达式为 true 时执行的语句。
语句 2：当条件表达式为 false 时执行的语句。

课堂练习

利用条件运算符判断一个数是奇数或偶数。

参考代码如下：

```
public class demo19 {
    public static void main(String[] args) {
        int num=15;
        String str;
        str=(num%2==0)?"num 是偶数 ":"num 是奇数 ";
        System.out.println(str);
    }
}
```

输出结果为：num 是奇数。

学习笔记

七、运算符优先级

小航同学：师傅，在编程过程中，可能会遇到在一个表达式中出现多个运算符，那么该先计算谁呢？

师傅：在 Java 中，我们常常在计算时就按照运算符的优先级来计算，级别高的运算符优先计算，级别低的运算符后计算。

运算符的优先级见表 2-8。

表 2-8 运算符的优先级

优 先 级	描 述	运 算 符
1	括号	( ) [ ]
2	正负号	+、-
3	自增自减、非	++、--、!
4	乘除，取余	*、/、!
5	加减	+、-
6	移位运算	<<、>>、>>>
7	大小关系	>、>=、<、<=
8	相等关系	==、!=
9	按位与	&
10	按位异或	^
11	按位或	|
12	逻辑与	&&
13	逻辑或	||
14	条件运算	? :
15	赋值运算	=、+=、-=、/=、%=
16	位赋值运算	&=、|=、<<=、>>=、>>>=

在实际开发中，不需要记忆运算符的优先级别，也不要刻意地使用运算符的优先级别，在不清楚优先级的地方使用小括号进行代替。

实训 实现超市购物模块功能

课前学习

实现超市购物模块功能

扫描二维码观看视频，并思考下列问题：

（1）超市购物都有哪些功能？

（2）如何使用程序实现超市购物？

学习笔记

课堂实训

一、实训目的

让学生了解 Java 的语法基础，并利用基本语法基础打印出超市购物小票，从而让学生熟悉 Java 应用程序是如何一步一步开发出来的。

二、实训要求

某顾客去超市购买办公用品，购物清单见表 2-9。

表 2-9　购物清单

图书名称	单价 / 元	数量 / 个
钢笔	25	20
笔记本	3	10
书架	10	5

（1）计算该顾客的消费金额，并打印购物小票（所有商品打 9 折）。

（2）计算该顾客的购物积分（每 100 元积 3 分），顾客支付 600 元，计算出找零金额。并根据图 2-11 所示的格式样例，在控制台输出超市购物小票。

```
                航院大专超市
【欢迎光临，所有商品9折】
销售时间：05.25                 19:31:47
品名        单价        数量        金额
----------------------------------------
钢笔        ￥25        X 20        ￥500
笔记本      ￥3         X 10        ￥30
书架        ￥10        X 5         ￥50
----------------------------------------
件数    38              合计        ￥880
应付金额    ￥522
收款        ￥600
找零        ￥78
本次交易所获积分：15
----------------------------------------
        谢谢惠顾，欢迎下次光临！！！
            电话：*********
```

图 2-11　超市购物小票格式样例

学习笔记

三、实训评价

姓名：________________ 完成日期：________________

序号	考核内容	标准分	评分
1	实现控制台录入数据	10	
2	计算各个商品金额	20	
3	计算出商品总数、总金额	10	
4	计算出打折后金额	10	
5	计算出找零金额	10	
6	计算出积分	10	
7	按照小票样式，完成信息输出	10	
8	完成任务收获积累：	20	
总评分		100	

四、学习笔记

学习笔记

学习笔记

项目三

智慧校园之用户登录模块功能实现

学习笔记

项目导入

本项目通过分析智慧校园登录模块要实现的功能，详细介绍利用条件语句和循环语句进行功能的实现，逐步掌握如何使用编程语言解决实际问题的方法，具体任务列表如下：

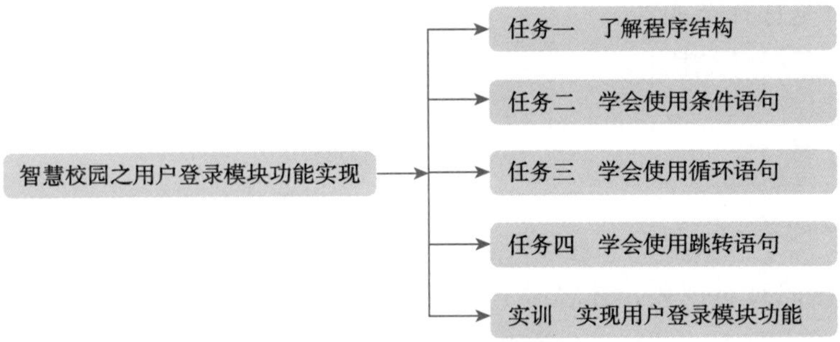

学习目标

◎知识目标

1. 掌握顺序结构、选择结构、循环结构的执行流程。
2. 掌握条件语句的使用方法。
3. 掌握循环语句的使用方法。
4. 掌握循环语句嵌套的使用方法。
5. 掌握跳转语句的使用方法。

◎技能目标

1. 能熟练掌握每种控制语句的使用场景。
2. 能熟练掌握每种循环语句的使用场景。

◎素养目标

1. 养成独立思考、自主解决问题的习惯。
2. 养成细心与耐心的工作态度。

学习笔记

任务一　了解程序结构

情景描述

设计用户登录模块的功能时，系统需要判断用户名和密码是否正确，这时就要用到流程控制语句。流程控制语句，就是控制代码执行顺序的语句，if 与 switch 语句使程序存在选择分支，for 与 while 语句使程序在满足某条件的情况下重复地做一件事情。在一个程序执行的过程中，各条语句的执行顺序对程序的结果是有直接影响的。

本任务主要了解 Java 语言中的三种流程控制语句：顺序结构、选择结构和循环结构。

任务分解

根据上述工作情景，将任务分解如下：

1. 什么是顺序结构？
2. 什么是选择结构？
3. 什么是循环结构？

任务实现

课前学习

扫描二维码观看视频，并思考下列问题：

Java 编程语言中，控制语句有几种，分别是什么？

程序结构

课堂学习

小航同学：师傅，在 Java 程序中，代码只能是从上到下、一句一句地执行吗？

师傅：不是这样的，从上往下逐句执行只是 Java 控制语句的一种，我们称为顺序结构。另外 Java 语言中的流程控制语句还有选择结构和循环结构。

一、顺序结构

顺序结构是最简单、最基本的程序控制结构。将解决问题的各个步骤按顺序写成程序代码（见图 3-1），程序中的各操作是按照它们出现的先后顺序来执行的。

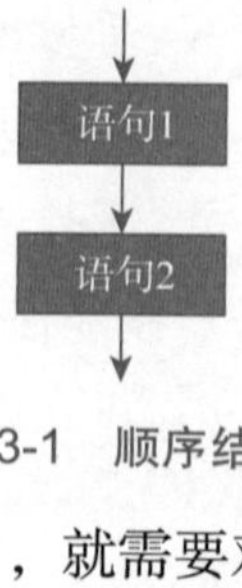

图 3-1　顺序结构

二、选择结构

在实际生活中经常要做出一些判断，例如，开车到一个十字路口，就需要对红绿灯进行判断，如果前面是红灯，就停车等候；如果是绿灯，就通行。这样的语句就是选择结构。在 Java 语言中，选择结构的语句会根据不同的判断条件从而执行不同的代码。

图 3-2 就是一个简单的选择结构语句，它的执行流程是：

（1）首先计算关系表达式的值。

（2）如果关系表达式的值为 true 就执行语句体。

（3）如果关系表达式的值为 false 就不执行语句体。

（4）继续执行后面的语句内容。

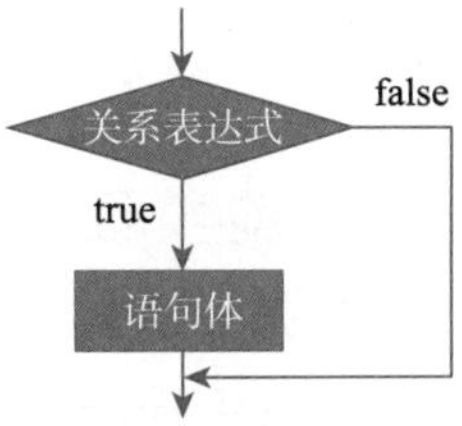

图 3-2　选择结构

三、循环结构

在日常生活中，常常会将同一件事情重复做很多次。例如，公交、地铁等交通工具必须每天在同样的时间出现在相同的站点，这就是循环结构。在 Java 语言中，循环结构语句指的是可以在满足循环条件的情况下，反复执行某一段代码，这段被重复执行的代码被称为循环体语句，当反复执行这个循环体时，需要在合适的时候把循环判断条件修改为 false，从而结束循环，否则循环将一直执行下去，形成死循环。

图 3-3 就是一个简单的循环语句，它的执行流程是：

（1）先进行循环控制变量初始化。

（2）判断条件表达式，如果判断结果为真，则执行循环语句；如果为假则不执行循环语句，并结束循环。

（3）执行循环语句后，再进行判断条件表达式，如果判断结果为真，则继续执行循环语句，直到判断结果为假。

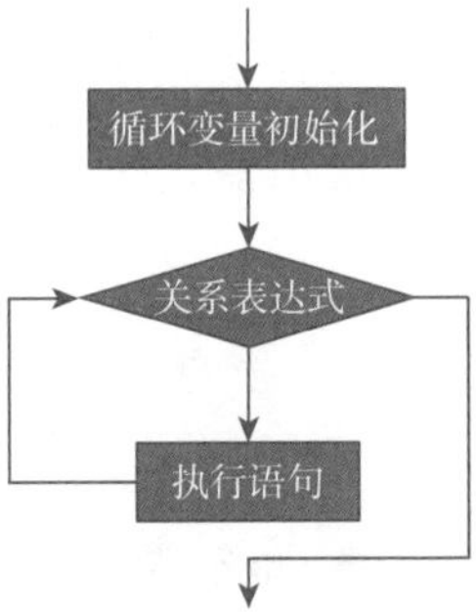

图 3-3　循环结构

任务二　学会使用条件语句

情景描述

用登录模块需要用户选择登录者的身份，怎样在程序中实现选择功能呢？这时就需要使用条件语句。条件语句会根据不同的判断条件执行不同的代码。在 Java 语言中，条件语句主要包括 if 语句和 switch 语句。本任务主要掌握 Java 语言中条件语句的语法规则和使用方法。

任务分解

根据上述工作情景，将任务分解如下：

1. 简单的 if 条件语句。
2. if...else 语句。
3. switch 多分支语句。

学习笔记

任务实现

课前学习

扫描二维码观看视频，并思考下列问题：

Java 编程语言中，条件语句有几种分别是什么？

条件语句1

课堂学习

小航同学：师傅，在 Java 程序中，条件语句就和判断题一样，只能判断对错吗？

师傅：不是这样的，if 语句主要用于告知程序当满足某一个条件时，须执行满足该条件的相关语句，但不止于判断对错而已，而是通过对条件的判断做出相应的选择。if 条件语句可分为简单的 if 条件语句、if...else 语句和 if...else if 多分支语句，下面我们分别来了解一下吧。

一、简单的 if 条件语句

语法格式如下：

```
if(布尔表达式){
    语句;
}
```

- 布尔表达式：必要参数，最后返回的结果必须是一个布尔值。它可以是一个单纯的布尔变量或常量，也可以是关系表达式。
- 语句：可以是一条语句或多条语句，当布尔表达式的值为 true 时执行这些语句。若仅为一条语句时可以省略条件语句中的“{ }”。

简单的 if 条件语句的执行流程如图 3-4 所示。

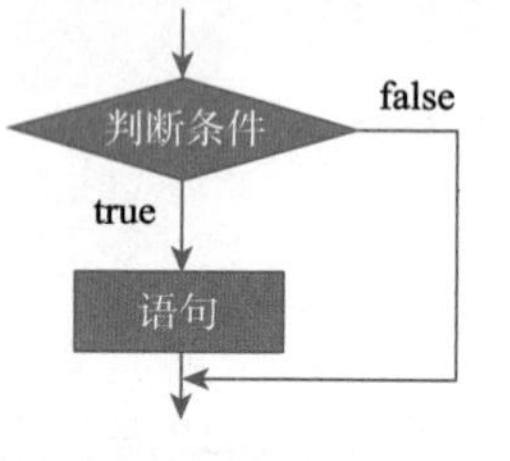

图 3-4　if 条件语句的执行流程

例 3-1　编写程序判断手机号是否存在。

创建 CheckPhone 类，模拟电话输入场景，如果输入的电话号码不是 2679888，则提示拨打的电话号码不存在，实例代码如下：

```
import java.util.Scanner;
public class CheckPhone {
    public static void main(String[] args) {
        Scanner in=new Scanner(System.in);
        System.out.println("请输入要拨打的电话号码：");
        int phonenNumber=in.nextInt();
        if(phonenNumber!=2679888)
            // 如果电话号码不是 2679888，则提示电话号码不存在
            System.out.println("对不起，您拨打的电话号码不存在！ ");
    }
}
```

学习笔记

运行结果如图 3-5 所示。

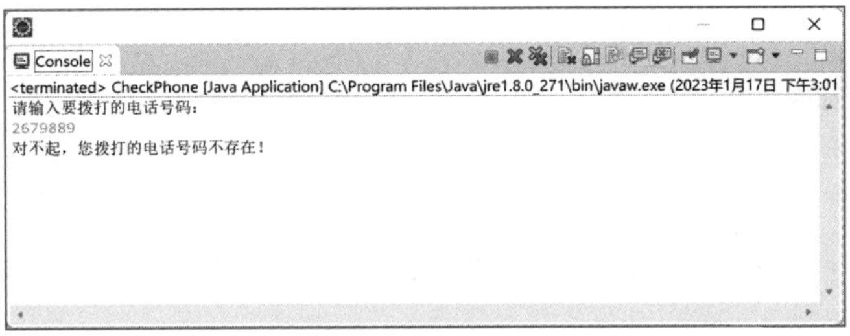

图 3-5　运行结果

课堂练习

大学英语四级合格分数为 425 分。一位大二学生英语四级分数为 424 分，编写程序判断该学生是否通过英语四级考试。

运行结果如图 3-6 所示。

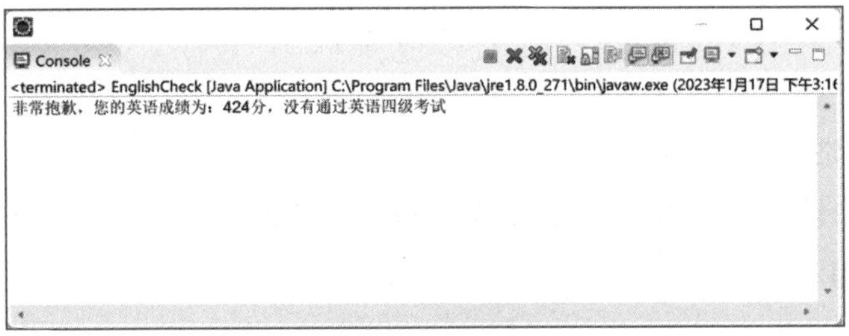

图 3-6　运行结果

二、if...else 语句与 if...else if 多分支语句

1. if...else 语句

if...else 语句是指如果满足某种条件，就进行某种处理，否则就进行另一种处理。

语法格式如下：

```
if (布尔表达式) {
    语句 1;
}
else {
    语句 2;
}
```

2. if...else if 多分支语句

if...else if 多分支语句用于处理某一事件的多种情况。通常表现为“如果满足某一个条件，就采用与该条件对应的处理方式；如果满足另一个条件，则采用与另一个条件对应的处理方式”。

条件语句2

语法格式如下：

```
if (表达式 1) {
    语句 1;
}
```

学习笔记

```
else if(表达式 2) {
    语句 2;
}...
else if(表达式 n) {
    语句 n;
}
```

- 表达式 1 ~ 表达式 n：必要参数。可以由多个表达式组成，但最后返回的结果一定要为 boolean 类型。
- 语句 1 ~ 语句 n：可以是一条或多条语句，当表达式 1 的值为 true 时，执行语句 1；当表达式 2 的值为 true 时，执行语句 2，以此类推。

例 3-2 划分成绩等级。

编写程序，将某班级的学生成绩划分等级，等级划分标准如下：

（1）“优秀”，大于等于 90 分；

（2）“良好”，大于等于 80 分，小于 90 分；

（3）“合格”，大于等于 60 分，小于 80 分；

（4）“不合格”，小于 60 分。

根据控制台输入的成绩，输出该成绩对应的等级。

实现代码如下：

```
import java.util.Scanner;
public class ScoreLevel {
    public static void main(String[] args) {
        Scanner in=new Scanner(System.in);
        System.out.println("请输入学生成绩：");
        int score=in.nextInt();
        if(score<60)
        {
            System.out.println("你的成绩为："+score+",等级为：不合格");
        }
        else if(score>=60 && score<80)
        {
            System.out.println("你的成绩为："+score+", 等级为：合格");
        }
        else if(score>=80 && score<90)
        {
            System.out.println("你的成绩为："+score+", 等级为：良好");
        }
        else if(score>=90 && score<100)
        {
            System.out.println("你的成绩为："+score+", 等级为：优秀");
        }
    }
```

程序运行结果如图 3-7 所示。

学习笔记

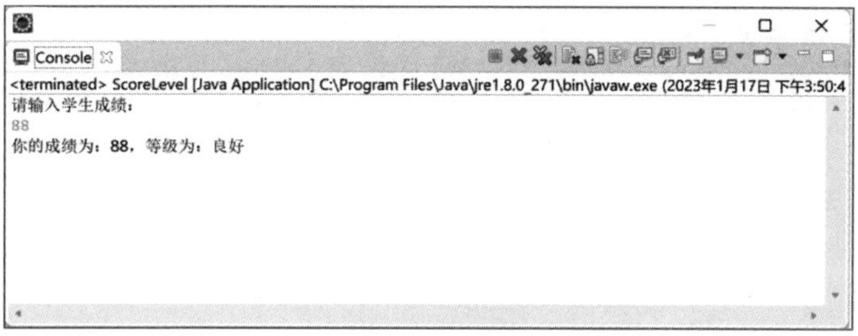

图 3-7　运行结果

课堂练习

BMI 指的是体重指数，国际上通过公式计算人体胖瘦程度和是否处于健康状态的标准。BMI 的公式 = 体重（kg）/ 身高（m）^2，计算出的体重指数。

我国成人标准如下：

- 18.5 ～ 23.9 为正常；
- 24 ～ 27.9 为超重；
- 大于等于 28 为肥胖；
- 小于 18.5 为体重过低；

根据控制台输入的身高（单位：米）、体重（单位：千克），输出 BMI 指数以及对应该指数的等级。

运行结果如图 3-8 所示。

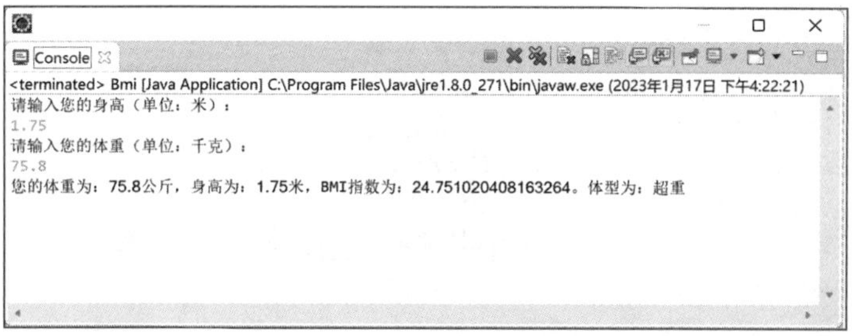

图 3-8　运行结果

三、switch 多分支语句

对于多分支条件 if 语句，由于其写法比较繁杂，性能也比较低下，故 Java 语言提供了另一种多分支结构语句：switch 结构语句，它可以替换某些多重 if 语句，使得程序代码阅读性大大提高，性能也得到提升。其语法结构如下：

```
switch (用于判断的参数) {
    case 常量表达式 1:
        语句 1;
        break;
    case 常量表达式 2:
        语句 2;
        break;
            ......
```

学习笔记

```
    case 常量表达式 n:
        语句 n;
    break;
    default:
        语句 n+1;
        break;
}
```

switch 多分支语句中的参数必须是整型、字符型、枚举类型或字符串类型，常量 1 ~ n 必须是与参数兼容的数据类型。

switch 多分支语句首先计算参数的值，如果参数的值和某个 case 后面的常量表达式相同，则执行该 case 语句后的若干个语句直到遇到 break 语句为止。此时，如果该 case 语句中没有 break 语句，将继续执行后面 case 中的若干个语句，直到遇到 break 语句为止。若没有任何一个常量表达式与参数的值相同，则执行 default 后面的语句。

break 的作用是跳出整个 switch 多分支语句。

default 语句是可以不写的，如果它不存在，而且 switch 多分支语句中表达式的值不与任何 case 常量的值相同，则 switch 不作任何处理。

例 3-3 判断日期。

输入一个序号，代表今天是星期几，选择今天要做的事情。

实现代码如下：

```
import java.util.Scanner;
public class Work {
    public static void main(String[] args) {
        Scanner in=new Scanner(System.in);
        System.out.println("请输入日期序号，代表今天星期几：");
        int week=in.nextInt();
        switch (week) {
        case 0:
            System.out.println("星期天，休息休息");
            break;
        case 1:
            System.out.println("星期一，开始搬砖");
            break;
        case 2:
            System.out.println("星期二，搬砖好累");
            break;
        case 3:
            System.out.println("星期三，离周末还有三天");
            break;
        case 4:
            System.out.println("星期四，明天就是周五了");
            break;
        case 5:
            System.out.println("星期五，明天就是周六了");
```

学习笔记

```
            break;
        case 6:
            System.out.println("星期六，开心开心......");
            break;
        default:
            System.out.println("希望天天都是周末......");
            break;
        }
    }   }
```

运行结果如图 3-9 所示。

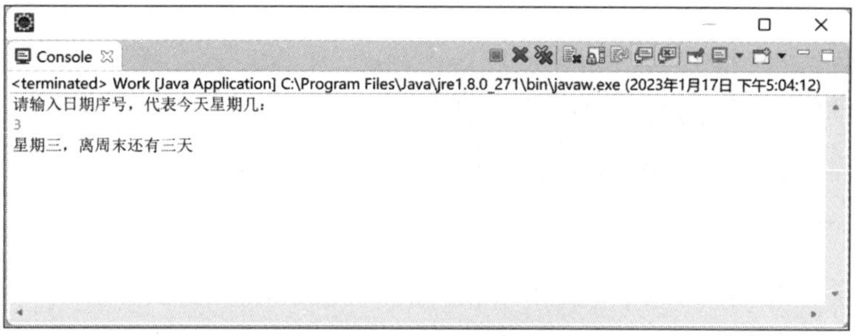

图 3-9　运行结果

课堂练习

使用 switch 多分支语句判断控制台输入的某个月份属于哪个季节？

运行结果如图 3-10 所示。

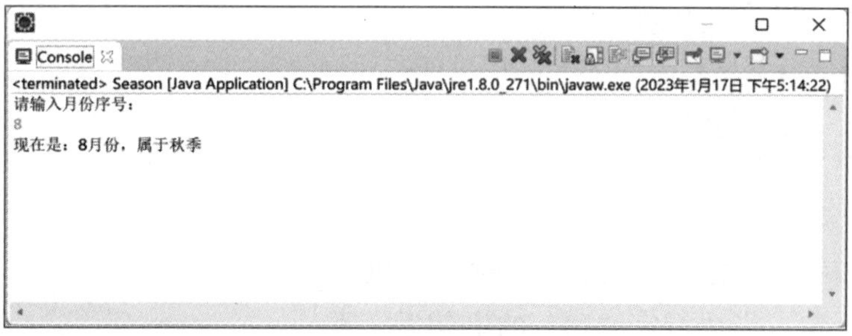

图 3-10　运行结果

任务三　学会使用循环语句

情景描述

在程序设计中经常碰到，反复执行同一件事的情况时，为了解决这些问题，在编程中就需要引入循环语句。循环语句就是在满足一定条件情况下反复执行某一个操作。在 Java 语言中，提供了三种常见的循环语句，分别是 while 语句、do...while 语句、for 语句。本任务主要掌握 Java 语言中循环语句的语法规则和使用方法。

学习笔记

任务分解

根据上述工作情景，将任务分解如下：

1．while 循环语句。

2．do...while 循环语句。

3．for 循环语句。

4．循环语句的嵌套。

任务实现

课前学习

扫描二维码观看视频，并思考下列问题：

Java 编程语言中，常见的循环语句有哪几种？

循环语句

课堂学习

小航同学：师傅，在 Java 程序中，都有哪些循环语句呢？

师傅：常见的循环语句有 while 循环、do...while 循环和 for 循环，今天我们就分别学习一下这几种循环语句。

一、while 循环语句

while 语句的循环方式是通过一个条件来控制是否要继续反复执行这个语句。

语法格式如下：

```
while （条件表达式）
{
    执行语句；
    }
```

当条件表达式的返回值为 true 时，则执行“{ }”中的语句，当执行完“{ }”的语句后，重新判断条件表达式的值，直到表达式返回的结果为 false 时，退出循环。While 循环语句的执行流程如图 3-11 所示。

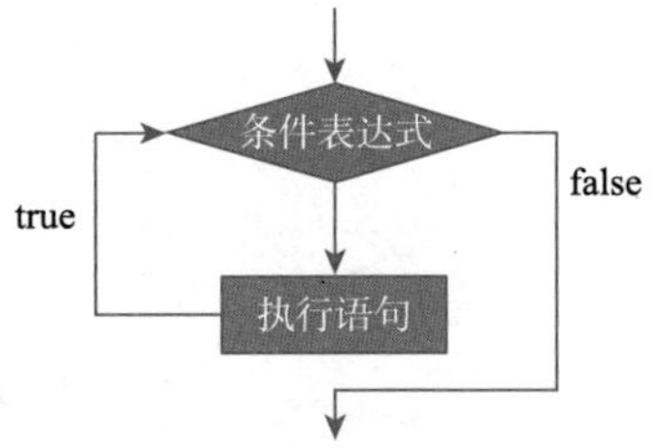

图 3-11　while 循环语句的执行流程

例 3-4 编写程序，计算 1 ~ 10 数字之和。

实现代码如下：

```
public class Sum {
    public static void main(String[] args) {
        int i=1;
        int sum=0;
        while(i<=10)
        {
```

学习笔记

```
            sum=sum+i;
            i++;
        }
        System.out.println("1--10 的数字之和为: "+sum);
    }
}
```

运行结果如图 3-12 所示。

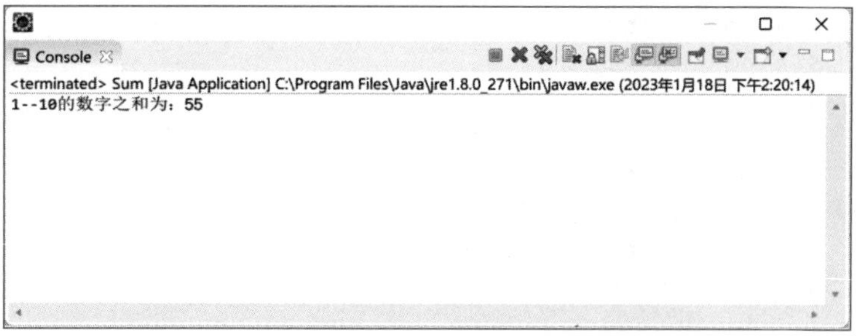

图 3-12　运行结果

课堂练习

使用 while 语句编写一个程序计算 1 ~ 100 的所有偶数之和。

运行结果如图 3-13 所示。

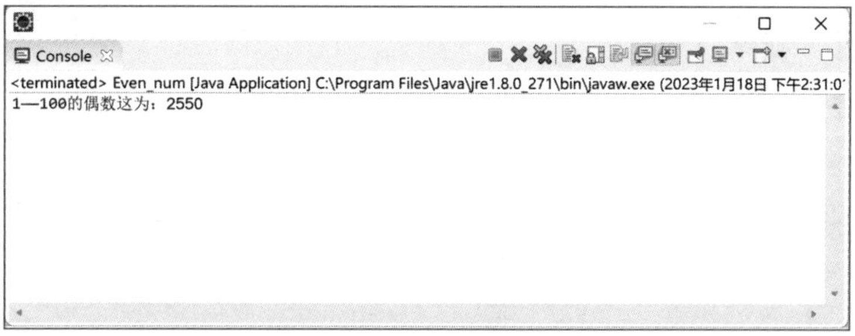

图 3-13　运行结果

二、do...while 循环语句

do...while 语句和 while 语句类似，它们之间的区别是 while 语句是先判断条件是否成立再执行循环体，而 do...while 语句则先执行一次循环后，再判断条件是否成立。也就是说 do...while 语句中的循环语句至少要执行一次。

语法格式如下：

```
do {
        执行语句；
    }
    while （条件表达式）;
```

do...while 语句与 while 语句的一个明显区别是，do...while 语句在结尾处多了一个分号。do...while 循环语句的执行流程如图 3-14 所示。

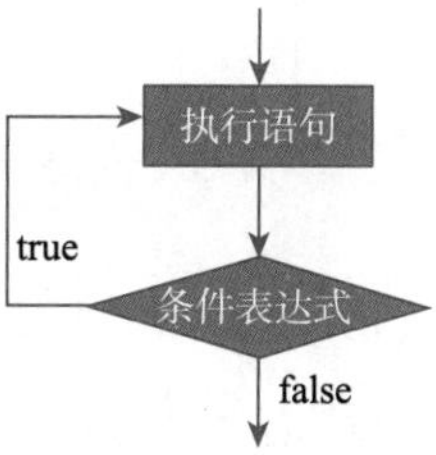

图 3-14　do...while 循环语句执行流程

学习笔记

例 3-5 用户登录验证。

编写程序实现，从控制台输入用户 6 位密码，然后进行判断，如果密码不是“sys666”，则让用户反复输入，直到密码正确为止。

实现代码如下：

```
import java.util.Scanner;
public class Check_password {
    public static void main(String[] args) {
        Scanner sc=new Scanner(System.in);
        String password;
        do {
            System.out.println("请输入 6 位密码：");
            password=sc.nextLine();
        } while (!"sys666".equals(password));
        System.out.println("登录成功");
        sc.close();
    }
}
```

运行结果如图 3-15 所示。

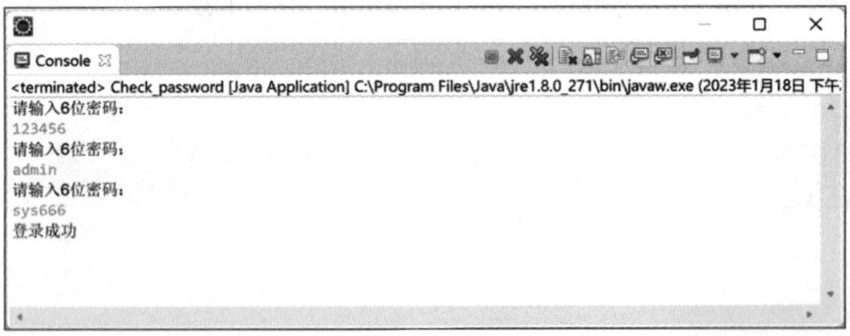

图 3-15　运行结果

课堂练习

使用 do...while 语句编程：计算 1–2+3–4+5–⋯ –100 的值。

运行结果如图 3-16 所示。

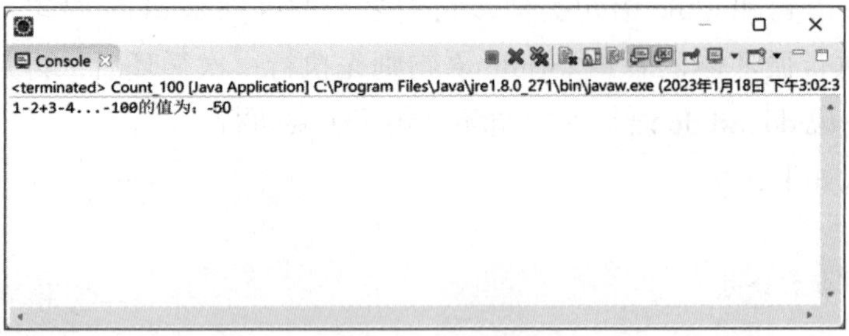

图 3-16　运行结果

三、for 循环语句

for 循环语句是 Java 语言中最常用的循环语句之一。一般用在循环次数已知的情况下，具体语法如下：

学习笔记

```
for(表达式 1; 表达式 2; 表达式 3)
{
    语句 ;
}
```

- 表达式 1：该表达式通常是一个赋值表达式，负责设置循环的起始值，也就是给控制循环的变量赋初值。
- 表达式 2：该表达式通常是一个关系表达式，用控制循环的变量和循环变量允许的范围值进行比较。
- 表达式 3：该表达式通常是一个赋值表达式，对控制的变量进行增大或减少。
- 语句：循环体要执行的语句块。

for 循环语句执行的流程如下：

（1）先执行表达式 1。

（2）判断表达式 2，若值为 true，则执行循环中的内嵌语句，然后执行表达式 3。若表达式 2 的值为 false，则结束循环。

（3）执行表达式 3。

（4）返回重新判断表达式 2，继续执行。

（5）循环结束，执行循环语句外的语句。

以上 5 个步骤也可用图 3-17 来表示。

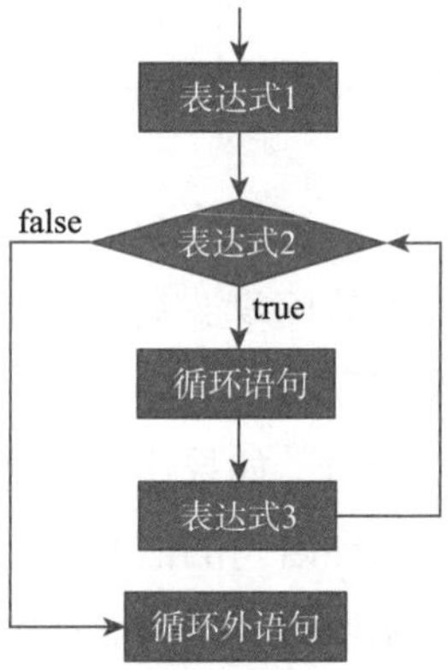

图 3-17　for 循环语句执行流程

例 3-6 编写程序实现，计算 1 ~ 100 的所有数字之和。

实现代码如下：

```
public class Sum_100 {
    public static void main(String[] args) {
        int sum=0;
        for(int i=1;i<=100;i++)
        {
            sum=sum+i;
        }
        System.out.println("1——100 的数字之和为："+sum);
    }
}
```

运行结果如图 3-18 所示。

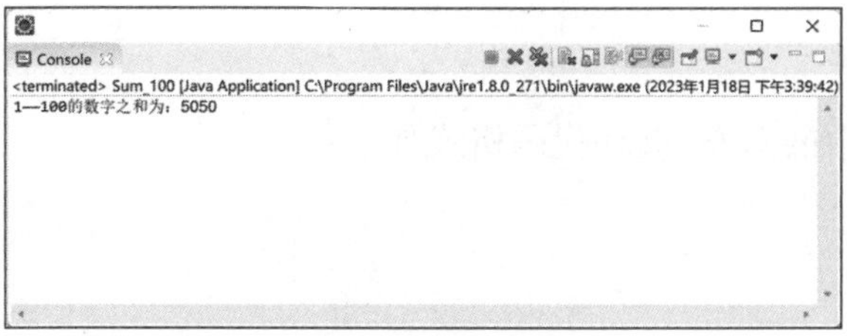

图 3-18　运行结果

学习笔记

课堂练习

有 100 名和尚，100 个馍，大和尚每人吃 3 个馍，小和尚每三人吃 1 个馍，馍恰好够吃。编程计算有多少名大和尚，多少名小和尚？

运行结果如图 3-19 所示。

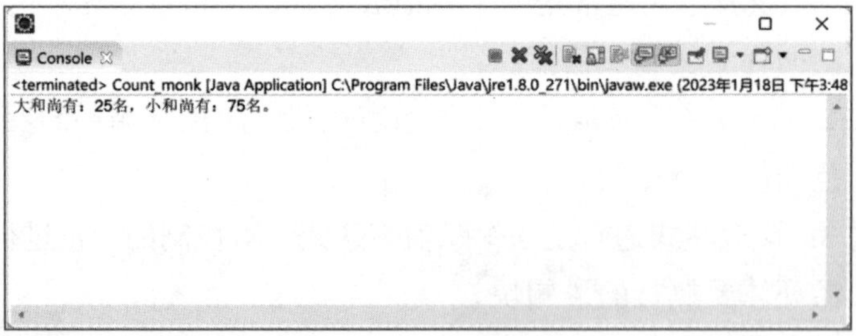

图 3-19 运行结果

四、循环语句的嵌套

小航同学：师傅，在 Java 程序中，如果一个循环中还有另外一个循环时该怎么处理呢？

师傅：如果出现多个循环时，我们一般用循环的嵌套来处理，今天我们就学习一下循环语句的嵌套。

循环有 for、while 和 do...while 三种方式，这三种方式可以互相嵌套。它们的语法格式分别如下：

在 for 循环中嵌套 for 循环代码格式如下：

```
for(... ...)
{
    for(... ...)
    {
        ...
    }
}
```

在 while 循环中嵌套 while 循环代码格式如下：

```
while(... ...)
{
    while(... ...)
    {
        ...
    }
}
```

在 while 循环中嵌套 for 循环代码格式如下：

```
while(... ...)
{
    for(... ...)
```

学习笔记

```
        {
            ...
        }
}
```

例 3-7 输出乘法口诀表。

实现代码如下：

```
public class Multiplication {
    public static void main(String[] args) {
        int i,j;
        for(i=1;i<10;i++)
        {
            for(j=1;j<i+1;j++)
            {
                System.out.print(j+"*"+i+"="+i*j+"\t");
            }
            System.out.println();
        }
    }
}
```

运行结果如图 3-20 所示。

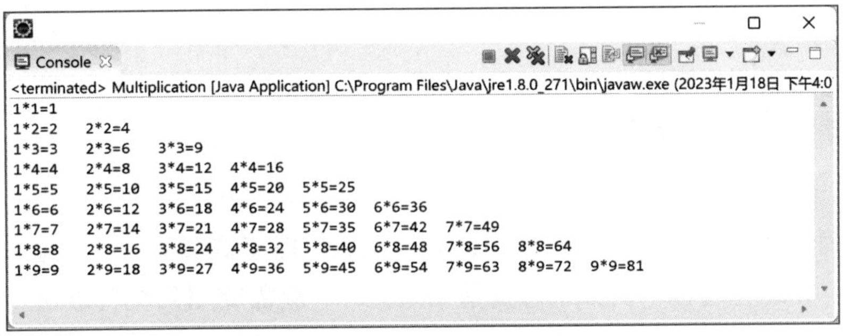

图 3-20　运行结果

课堂练习

编写程序，计算：1+（1+2）+（1+2+3）+…+（1+2…+20）的值。

运行结果如图 3-21 所示。

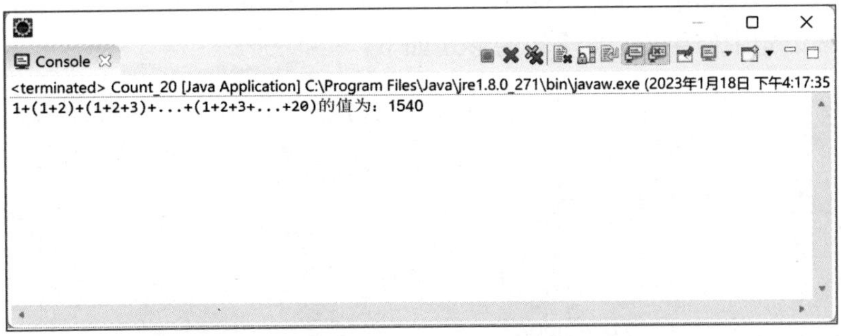

图 3-21　运行结果

学习笔记

任务四　学会使用跳转语句

情景描述

生活中，我们经常会遇到这样的情况：在书架中寻找一本《新华字典》，如果在第 3 排第 4 个位置找到了这本书，那么我们还需要去看第 4 排、第 5 排的书吗？答案是不需要。同理，编写一个循环时，当循环还未结束时就已经处理完所有任务，还有必要让循环继续下去吗？答案同样是没有必要，再继续下去既浪费时间又浪费内存资源。本任务主要学习用来控制循环的跳转语句。

任务分解

根据上述工作情景，将任务分解如下：

1．break 语句。

2．continue 循环语句。

任务实现

课前学习

扫描二维码观看视频，并思考下列问题：

Java 编程语言中，跳转语句有哪几种？

跳转语句

课堂学习

小航同学：师傅，在 Java 程序中，如果我们想提前结束循环，该怎么办呢？

师傅：在编程过程中，如果想提前结束循环，就需要用到跳转语句。今天我们就学习一下 Java 语言中的跳转语句。Java 语言支持三种类型的跳转语句：break 语句、continue 语句和 return 语句。

一、break 语句

我们在学习 switch 语句时用过 break，它可以跳出 switch 结构。在循环结构中，同样也可以用 break 语句跳出当前循环体，从而中断当前循环。

在循环语句中使用 break 语句的形式如下：

```
while(... ...)
{
    ...
    break;
    ...
}
```

```
do(... ...)
{
    ...
    break;
    ...
} while(...);
```

```
for(... ...)
{
    ...
    break;
    ...
}
```

例 3-8 求符合条件的最小数。

一个正整数与 3 的和是 5 的倍数，与 3 的差是 6 的倍数，编写一个程序求符合

学习笔记

条件的最小数。

实现代码如下：

```
public class Find_num {
    public static void main(String[] args) {
        int i=0;
        while(1==1)
        {
            i++;
            if((i+3)%5==0&&(i-3)%6==0)
            {
                System.out.println("符合条件的最小数是："+i);
                break;
            }
        }
    }
}
```

运行结果如图 3-22 所示。

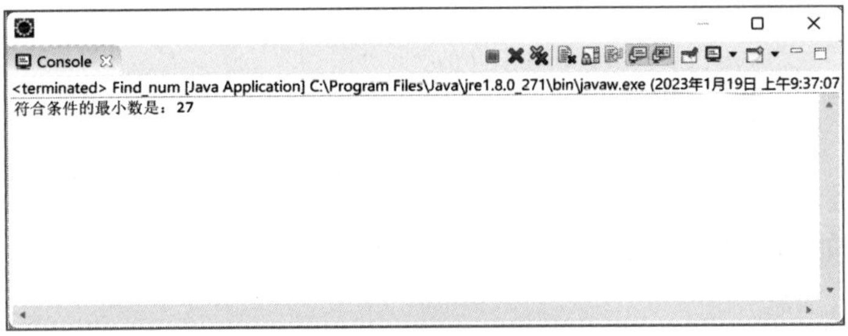

图 3-22　运行结果

课堂练习

有一口井深 10 m，一只蜗牛从井底向井口爬，白天向上爬 2 m，晚上向下滑 1 m，问多少天可以爬到井口？

运行结果如图 3-23 所示。

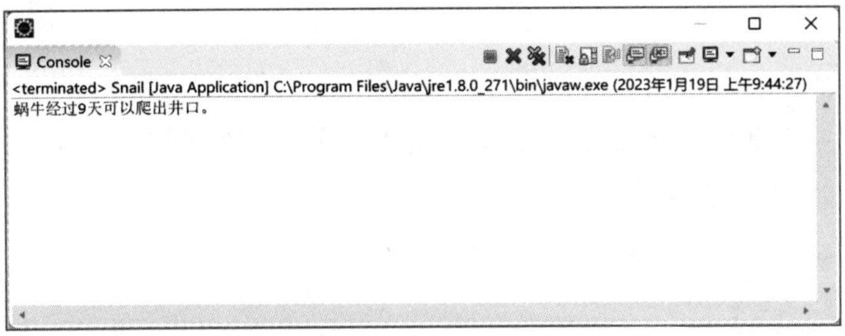

图 3-23　运行结果

二、continue 语句

continue 语句是针对 break 语句的补充。continue 不是立即跳出循环体，而是跳过本次循环结束前的语句，回到循环的条件测试部分，重新开始执行循环。在 for 循环语句中遇到 continue 后，首先执行循环的增量部分，然后进行条件测试。在

while 和 do...while 语句中，continue 语句使控制直接回到条件测试部分。

在循环语句中使用 continue 语句的形式如下：

```
while(... ...)
{
    ...
    continue;
    ...
}
```

```
do(... ...)
{
    ...
    continue;
    ...
} while(...);
```

```
for(... ...)
{
    ...
    continue;
    ...
}
```

例 3-9 输出数字中所有偶数。

编写程序实现，使用 for 循环输出 1 ~ 20 之间所有的偶数。

实现代码如下：

```
public class Output_Even {
    public static void main(String[] args) {
        for(int i=1;i<=20;i++)
        {
            if(i%2!=0)
                continue;
            System.out.print(i+"  ");
        }
    }
}
```

运行结果如图 3-24 所示。

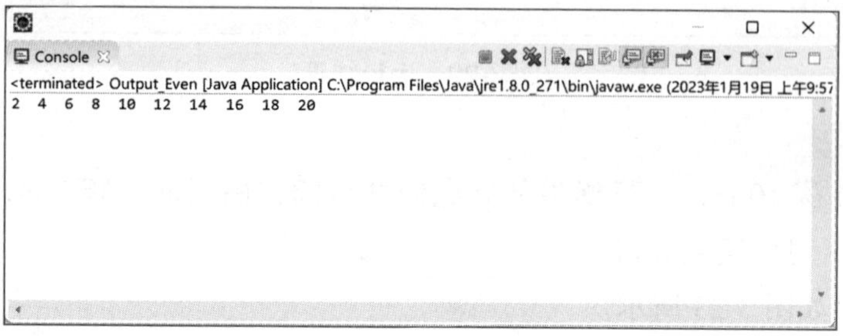

图 3-24 运行结果

课堂练习

编程求 1 ~ 1 000 中能被 2，3，5 除余 1 的前 10 个整数。

运行结果如图 3-25 所示。

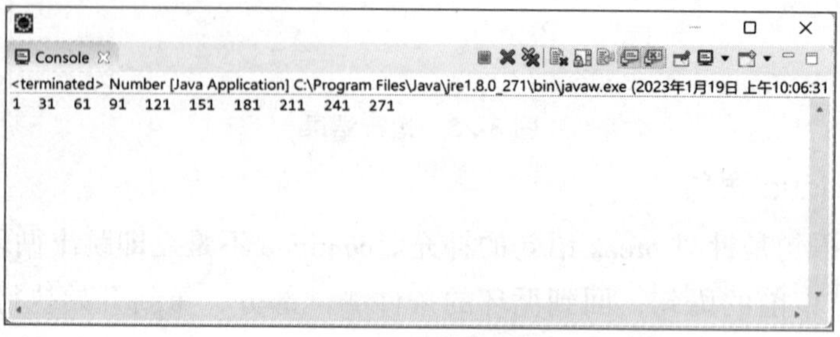

图 3-25 运行结果

实训　实现用户登录模块功能

学习笔记

课前学习

扫描二维码观看视频，并思考下列问题：

（1）用户登录模块都有哪些功能？

（2）如何使用程序实现用户登录模块？

实现用户登录模块功能

课堂实训

一、实训目的

让学生掌握 Java 语法中条件语句和循环语句的使用方法，并利用学过的知识实现用户登录功能，从而让学生熟悉如何利用 Java 语言一步一步开发出来用户登录模块。

二、实训要求

用户从控制台输入用户名和密码：

（1）判断用户名是否为 admin，用户密码是否为 admin888。如果正确，则输出：登录成功。

（2）如果用户名或密码输入错误，则提示用户名或密码输入错误请重新输入。输入字符为 exit 时，结束程序。

学习笔记

三、实训评价

姓名：________________ 完成日期：________________

序号	考核内容	标准分	评分
1	实现控制台录入数据	10	
2	判断用户名是否为 admin	20	
3	判断输入密码是否为 admin888	20	
4	输入错误，提示重新输入	10	
5	输入为 exit 时，结束程序	10	
6	完成任务收获积累：	30	
总评分		100	

四、学习笔记

学习笔记

学习笔记

项目四

智慧校园之学生成绩管理模块功能实现

学习笔记

项目导入

本项目通过分析学生成绩管理模块需要实现的功能，并按照模块功能生成代码，让学生掌握Java语言中一维数组和二维数组的使用方法，从而让学生熟悉如何使用Java来完成学生成绩管理模块的，具体任务列表如下：

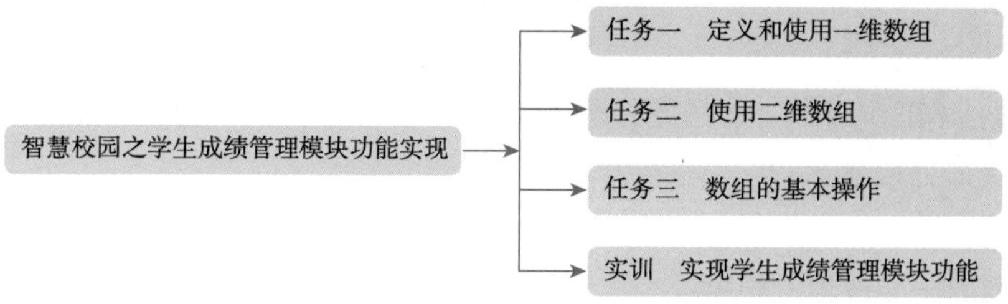

学习目标

◎知识目标

1. 掌握一维数组的定义和使用方法。
2. 掌握二维数组的使用方法。
3. 掌握在什么情况下可以使用二维数组。
4. 掌握数组遍历的方法。
5. 掌握查找数据中某元素的方法。
6. 掌握数组常见的排序方法。

◎技能目标

1. 能熟练掌握一维数组的使用场景。
2. 能熟练掌握使用二维数组的场景。
3. 能熟练掌握数组的使用方法。

学习笔记

◎素养目标

1. 能用辩证思维的方法分析问题。
2. 提升严谨的项目工程思维。
3. 通过实践总结程序编写调试中的常见错误和解决经验，提高编程效率。

任务一　定义和使用一维数组

情景描述

在程序设计中，为方便处理，常将具有相同类型的若干变量按有序的形式组织起来，这些同类数据元素的集合称为数组。数组是 Java 语言中的一种基本的变量数据类型，具有非常重要的作用，只有灵活掌握了数组的应用，才能写出科学、合理、高效的 Java 程序。学生成绩管理要根据学号、姓名、课程、学科成绩等基础信息，实现计算和统计等功能，如计算班级的平均分，就需要利用一维数组的声明、创建等知识。

任务分解

根据上述工作情景，将任务分解如下：

1. 什么是数组。
2. 给一维数组赋值。
3. 获取一维数组的长度。

任务实现

课前学习

扫描二维码观看视频，并思考下列问题：

什么是一维数组？一维数组怎么定义和使用？

一维数组

课堂学习

小航同学：师傅，如果在编程过程中需要定义很多类型相同的变量，我是不是需要一个一个地定义呢？这个工作量很大呀！

师傅：当遇到此类情形，需要定义大量变量来保存相同类型的数据时，使用数组可以大大简化程序，而且效率非常高。

一、数组的概述

在了解数组前，我们先解决一个问题。

每次考试都需要对所带班级的学生成绩进行统计分析，用人工的方法计算费时

学习笔记

费力，并且容易出错。现希望用 Java 编写一个程序来录入学生成绩，并且统计出平均成绩。

分析：使用变量保存每位同学的分数，然后对所有学生的成绩求和，再除以班级的总人数，就可以得到平均分。

假设班级有 30 名学生，实现程序的代码如下：

```
public class AvgScore {
    public static void main(String[] args) {
        float avg;
        float score1=90.5f;
        float score2=80f;
        ...
        float score30=66f;
        avg=(score1+score2+...+score30)/30;
        System.out.print("全班学生的平均成绩为："+avg);
    }
}
```

从上面的程序，我们可以看到如果班级有 30 名学生，程序需要定义 30 个变量，用来保存学生成绩。程序中变量的定义、赋值占据了大量的篇幅，不仅用于求和的表达式很长，并且难以编写。这里只是统计一个班级的学生，如果要统计整个年级的学生，既不是要定义更多的变量来保存学生成绩？还需要花费大量的时间去编写变量定义？

二、一维数组

一维数组实质上是一组相同数据类型的线性集合，例如，学校中学生排列成的一字长队就是一个数组，每一位学生都是数组中的一个元素。再比如，把一个快捷酒店看作是一个一维数组，那么酒店的每个房间就是这个数组中的元素。在我们进行 Java 编程时，需要处理一组数据或者传递一组数据时，就可以使用数组来处理。

1. 创建一维数组

数组元素中的数据类型决定了数组的数据类型。它可以是 Java 中任意的数据类型，包括基本数据类型和其他引用类型。数组名为一个合法的标识符，符合“[ ]”指明该变量是一个数组类型变量。

声明一维数组的方法有两种：

```
数组元素类型        数组名字[];
数组元素类型[]      数组名字;
```

声明一维数组，语法如下：

学习笔记

```
float  score[];
int[] age;
```

声明数组后，还不能访问它的元素，因为声明数组只是给出了数组名字和元素的数据类型，要想真正使用数组，还要为它分配内存空间。在为数组分配内存空间时必须指明数组的长度。为数组分配内存空间的语法格式如下：

```
数组名称 =new 数组元素类型 [ 数组元素的个数 ];
```

数组名称：被连接到数组变量的名称。

数组元素个数：指定数组中变量的个数，即数组的长度。

为数组分配内存，语法如下：

```
age=new int[5];
```

上面的代码表示要创建一个有 5 个元素的整型数组，并且将创建的数组对象赋给引用变量 age，即引用变量 age 引用这个数组，如图 4-1 所示。

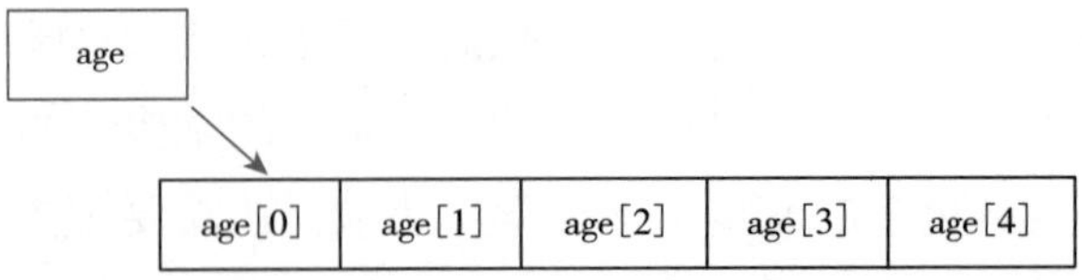

图 4-1 引用变量 age 引用这个数组

上面代码中 age 为数组名称，方括号“[ ]”中的值为数组的下标，也叫索引。数组通过下标来区分不同的元素，也就是说，数组中的元素可以通过下标的方式进行访问。

数组的下标是从 0 开始的。由于数组 age 中元素有 5 个，因此数组中元素的下标为 0 ~ 4。

在声明数组时也可以为数组分配内存空间，这种创建数组的方法是将数组的声明和内存分配合在一起执行，语法如下：

```
数组元素类型名  数组名称 =new 数组元素类型 [ 数组元素的个数 ];
```

声明并为元素分配内存，语法如下：

```
int month[]=new int[12];
```

上面的代码创建数组 month，并指定了数组长度为 12。这种创建数组的方法也是 Java 编程中经常使用的方法。

2. 给一维数组赋值

数组可以与基本数据类型一样进行初始化操作，也就是赋初值。数组的初始化

学习笔记

有以下三种方式：

```
float score[]= {66,78,80};            //第一种方式
int avg[]=new int[] {22,28,30};      //第二种方式
float height[]=new float[3];          //第三种方式
height[0]=1.75f;                      //给 height 的第一个元素赋值
height[1]=1.83f;                      //给 height 的第二个元素赋值
height[2]=1.78f;                      //给 height 的第三个元素赋值
```

从上面的代码可以看出，数组的初始化就是包括在大括号之内用逗号分开的表达式列表。用“,”分割数组中的各个元素，系统会自动为数组分配一定的空间。用第一种初始化方式，将创建 3 个元素的数组，依次为 66、78、80；第二种初始化方式，创建 3 个元素的数组，依次是 22、28、30；第三种方式先给数组创建了内存空间，然后再给元素逐一赋值。

3. 获取数组长度

初始化一维数组的时候都会在内存中分配内存空间，内存空间的大小决定了一维数组能够存储多少个元素，也就是数组的长度。我们常用数组对象自带的 length 属性来获取数组的长度，语法格式如下：

```
score.length
```

- score：数组名。
- length：数组长度属性，返回 int 值。

例 4-1 获取班级总人数。

首先将班级中的所有人名存入一个字符串数组，然后调用数组的 length 属性获取班级的总人数。

实现代码如下：

```
public class Demo01 {
    public static void main(String[] args) {
        String StuName[]= {"张小甜","刘伟","胡小慧","方之佳"};
        System.out.println("班级总人数为："+StuName.length+"人");
    }
}
```

运行结果如图 4-2 所示。

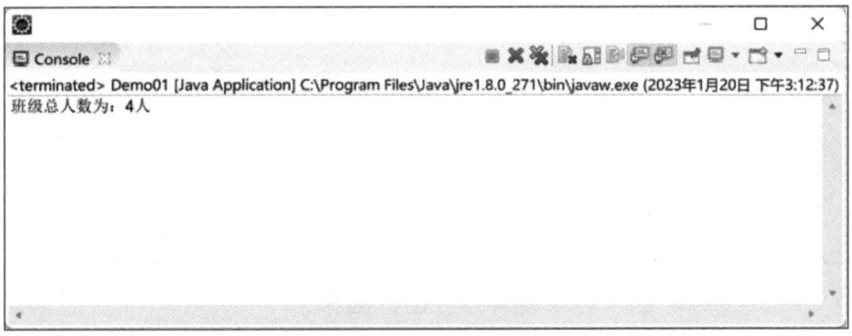

图 4-2　运行结果

学习笔记

课堂练习

某市图书馆有 30 个储物箱，第 2、3、4、12、23、30 号尚未使用，使用数组的长度属性分别输出尚未使用的储物箱个数以及已经使用的储物箱个数。

运行结果如图 4-3 所示。

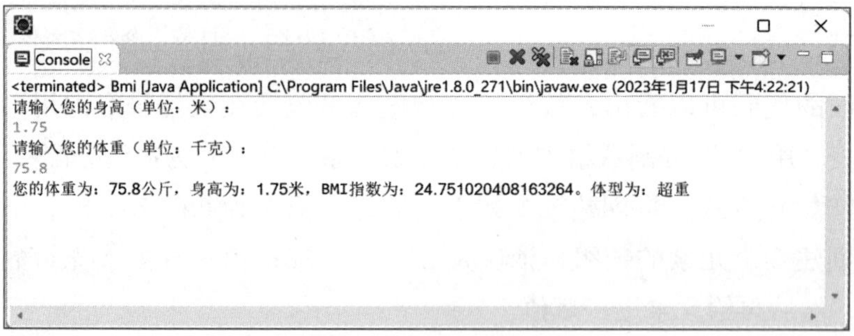

图 4-3 运行结果

4. 一维数组的使用场景

在 Java 语言中，一维数组是最常见的一种数据结构。下面我们就用一维数组打印出一个学生所有科目中，不及格的成绩，该学生的成绩是 {78,80,68,55,67,45,60,66,56}：

```
public class Score_Fail {

    public static void main(String[] args) {
        //创建并初始化一维数组
        float score[]=new float[] {78,80,68,55,67,45,60,66,56};
        System.out.print("学生刘梅所有成绩中，不及格的成绩有：");
        for(int i=0;i<score.length;i++)
        {
            if(score[i]<=60)
                System.out.print(score[i]+"  ");
        }
    }
}
```

运行结果如图 4-4 所示。

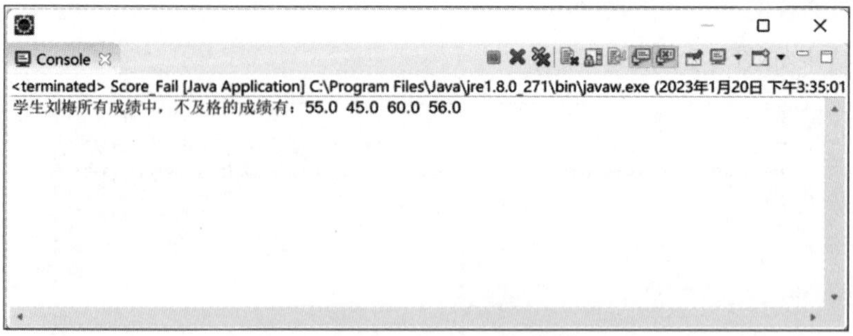

图 4-4 运行结果

学习笔记

任务二　使用二维数组

情景描述

在实际生活中还有很多数据是二维或多维的形式。例如，某个小组有 5 位学生，每位学生有 3 门课程的成绩，那么如何编写程序统计这些数据呢？很显然一维数组就不能胜任了。这就可能用到二维数组或多维数组。本任务主要掌握 Java 语言中二维数组或多维数组的使用方法。

任务分解

根据上述工作情景，将任务分解如下：

1. 二维数组的创建。
2. 二维数组的赋值。
3. 二维数组的使用场景。

任务实现

课前学习

扫描二维码观看视频，并思考下列问题：

Java 编程语言中，二维数组是如何定义和使用的？

二维数组

课堂学习

小航同学：师傅，在 Java 程序中，我们常常遇到，例如某个小组有 50 位学生，每位学生有 5 门课程的成绩，这样的数据。很显然一维数组就不能胜任了。这时候我们该如何处理呢？

师傅：遇到这样的数据（见表 4-1），这就可能用到二维数组或多维数组。

表 4-1　学生成绩表

学生姓名	第一门课	第二门课	第三门课
学员 1	80	78	80
学员 2	70	68	90
学员 3	87	98	78
学员 4	87	90	67
学员 5	90	70	88

学习笔记

在实际生活中，像学生成绩这种类型的数据我们常用二维表结构的形式来表示。在计算机中，二维表结构可以使用二维数组来表示，表中的信息以行和列的形式表示，第 1 个下标代表元素所在的行，第 2 个下标代表元素所在的列。

一、创建二维数组

二维数组可以看作是特殊的一维数组，它的声明方式有两种：

```
数组元素类型        数组名字 [][];
数组元素类型 [][]  数组名字 ;
```

声明二维数组的语法如下：

```
float      score[][];
int[][]    age;
```

同一维数组一样，声明数组后，还不能访问它的元素，还要为它分配内存空间。同样要使用关键字 new 来分配内存。

为数组分配内存的方式有两种：

```
int score[][];
score=new int[2][3];    // 直接分配行、列
int age[][];
age=new int[2][];       // 先分配行，不分配列
age[0]=new int[3];      // 先给第一行分配列
age[1]=new int[3];      // 再给第二行分配列
```

注意： 创建二维数组的时候，可以只声明"行"的长度，而不声明列的长度。但不能只声明列的长度而不声明行的长度。

二、给二维数组赋值

二维数组的初始化方法与一维数组类似，方法也有三种。但不同的是，二维数组有两个索引，构成行和列组成的矩阵。

例 4-2 使用三种方法初始化二维数组。

实现代码如下：

```
public class Demo02 {
    public static void main(String[] args) {
        /* 第一种方式 */
        int      score1[][]={{56,78,66},{80,78,60}};
        /* 第二种方式 */
        int      score2[][]=new int[][] {{88,78,50},{89,90,60}};
        /* 第三种方式 */
        int score3[][]=new int[2][3];     // 先给数组分配内存空间
        score3[0]=new int[]{86,66,78};    // 给第一行元素分配一个一维数组
        score3[1][0]=77;                  // 给第二行第一列赋值为 77
```

```
        score3[1][1]=88;                    //给第二行第二列赋值为 88
        score3[1][2]=99;                    //给第二行第三列赋值为 99
    }
}
```

课堂练习

一个私人书柜有 3 层 2 列，分别向该书柜第 1 层第 1 列放入历史读物，向该书柜第 2 层第 1 列放入信息类读物，向该书柜第 2 层第 2 列放入经济类读物，初始化这个二维数组，并为相应的数组元素赋值。

三、二维数组的使用场景

二维数组在实际应用中非常广泛。下面使用二维数组输出古诗《静夜思》。

例 4-3 输出不同版式的古诗。

实现代码如下：

```
public class Demo03 {
    public static void main(String[] args) {
        // TODO Auto-generated method stub
        char arr[][] = new char[4][]; // 创建一个 4 行的二维数组
            // 为每一行赋值
        arr[0] = new char[] { '床', '前', '明', '月', '光' };
        arr[1] = new char[] { '疑', '似', '地', '上', '霜' };
        arr[2] = new char[] { '举', '头', '望', '明', '月' };
        arr[3] = new char[] { '低', '头', '思', '故', '乡' };
        /* 横版输出 */
        System.out.println("-----横版-----");
        for (int i = 0; i < 4; i++) {                // 循环 4 行
            for (int j = 0; j < 5; j++) {            // 循环 5 列
                System.out.print(arr[i][j]);  // 输出数组中的元素
            }
            if (i % 2 == 0) {
                System.out.println(",");  // 如果是一、三句，输出逗号
            } else {
                System.out.println("。"); // 如果是二、四句，输出句号
            }
        }
        /* 竖版输出 */
        System.out.println("\n-----竖版-----");
        for (int j = 0; j < 5; j++) {                // 列变行
            for (int i = 3; i >= 0; i--) {           // 行变列，反序输出
                System.out.print(arr[i][j]);  // 输出数组中的元素
            }
            System.out.println();                    // 换行
        }
        System.out.println("。，。，");               // 输出最后的标点
    }
}
```

学习笔记

运行结果如图 4-5 所示。

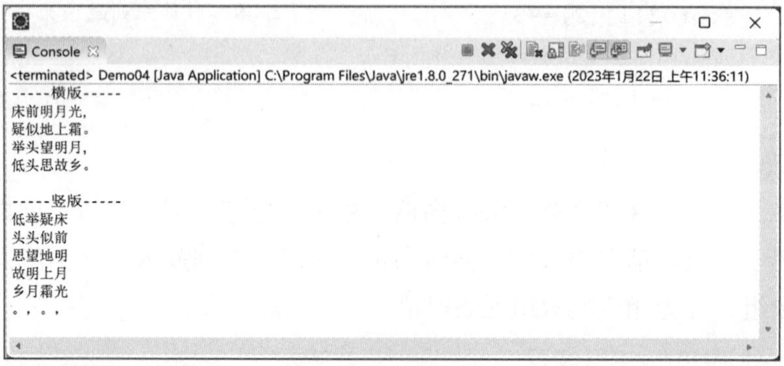

图 4-5　运行结果

课堂练习

编写程序，遍历二维数组 int a[][]={{23,65,43,68},{45,99,86,80},{76,81,34,45},{88,64,48,25}}，计算该二维数组的两条对角线之和。

运行结果如图 4-6 所示。

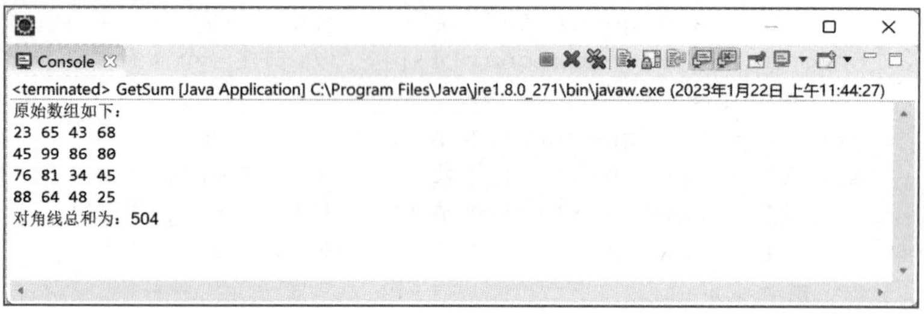

图 4-6　运行结果

任务三　数组的基本操作

情景描述

在成绩管理中，通常需要统计最高分、最低分，即给一组数据进行排序、找出数据中的最大值或最小值等操作。本任务主要学习如何对数组进行遍历、查找、排序等操作。

任务分解

根据上述工作情景，将任务分解如下：

1. 数组的遍历。
2. 求数组的最大值、最小值。
3. 数组的排序。

学习笔记

数组基本操作

任务实现

课前学习

扫描二维码观看视频，并思考下列问题：

Java 编程语言中，如何对数组进行排序？

课堂学习

小航同学：师傅，一维数组和二维数组的定义和赋值我们掌握了，但使用数组解决问题的方法我们还没有完全掌握，怎么办呢？

师傅：不要急，本任务我们就会教大家一些数组的常用使用方法。例如，数组的遍历、数据的查找、数组的排序等操作。相信学完后大家就有信心了。

一、数组的简化遍历 foreach

foreach 语句是 for 循环的特殊简化版本，对于数组和集合的遍历都会十分简便。foreach 语句可以简化代码，提高开发效率。

foreach 语句的语法格式如下：

```
for(元素类型    元素变量 i:待遍历的数组)
{
    引用变量 i 的 Java 语句;
}
```

注意： foreach 不是一个关键字，foreach 也不能完全取代 for 语句。

例 4-4　foreach 输出数组元素。

编写程序，输出数组 int num[]={23,65,43,68,66} 中的元素。

实现代码如下：

```
public class Demo04 {
    public static void main(String[] args) {
        int num[] = { 23, 65, 43, 68, 66 };
        // for 循环输出数组中的所有元素
        System.out.println("for 循环输出：");
        for (int i = 0; i < num.length; i++) {
            System.out.println(num[i]);
        }
        // foreach 循环输出数组中的所有元素
        System.out.println("foreach 循环输出：");
        for (int i : num) {
            System.out.println(i);
        }
    }
}
```

学习笔记

运行结果如图 4-7 所示。

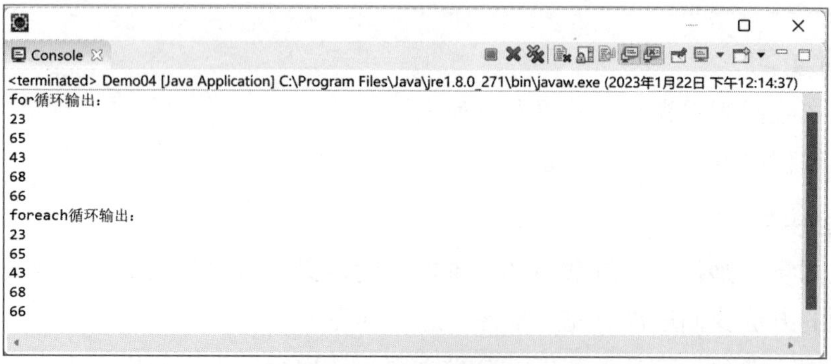

图 4-7　运行结果

例 4-5 求数组元素中的最大值（最小值）。

编写程序，输出数组 int num[]={23,65,43,68,66} 中的最大值。

实现代码如下：

```java
public class Demo05 {
    public static void main(String[] args) {
        int num[] = { 23, 65, 43, 68, 66 };
        // 计算数组中的最大值，先假定第一数组元素的值最大
        int max = num[0];
        for (int i = 1; i < num.length; i++) {
            // 比当前最大值大，则替换
            if (num[i] > max) {
                max = num[i];
            }
        }
        System.out.println("数组元素中最大值为：" + max);
    }
}
```

运行结果如图 4-8 所示。

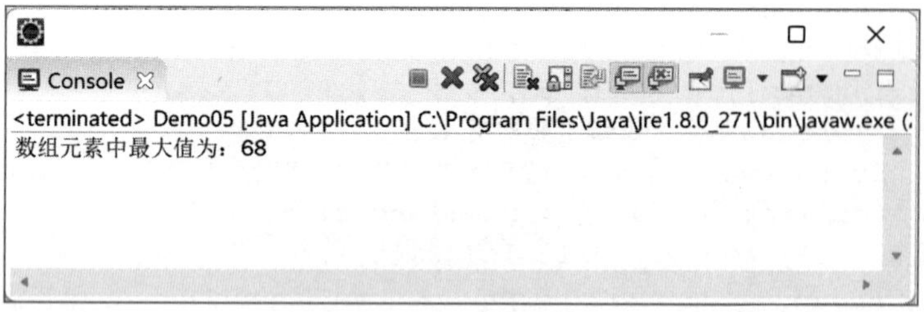

图 4-8　运行结果

二、Arrays 类

数组的排序算法很多，如冒泡排序、快速排序、选择排序等，这里不详细讨论这些算法，主要介绍一个使用类——Arrays。

Arrays 类就是 java.util 包中的一个类，是专门用来操作数组的一个类，其中包括排序和搜索功能，使用方法很简单，下面我们来学习如何使用 Arrays 类。

学习笔记

例 4-6 对数组元素进行排序。

编写程序，对 num[]={23,65,43,68,66} 中的元素按升序进行排列并输出。

实现代码如下：

```
import java.util.Arrays;
public class Demo06 {

    public static void main(String[] args) {
        int num[] = { 23, 65, 43, 68, 66 };
        // 开始排序
        Arrays.sort(num);
        // 排序后结果输出
        System.out.println("排序后结果：");
        for (int i = 0; i < num.length; i++) {
            System.out.println(num[i]);
        }
    }
}
```

运行结果如图 4-9 所示。

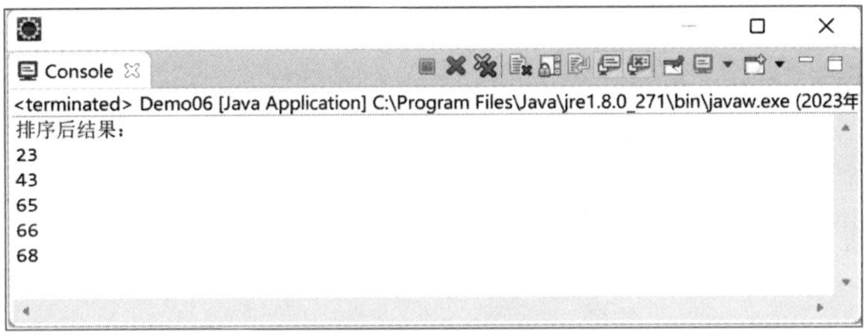

图 4-9　运行结果

实训　实现学生成绩管理模块功能

课前学习

扫描二维码观看视频，并思考下列问题：

（1）学生成绩管理模块都有哪些功能？

（2）如何使用程序实现学生成绩管理模块？

实现学生成绩管理模块功能

课堂实训

一、实训目的

掌握 Java 语法中一维数组和多维数组的使用方法，并利用学过的知识实现学生成绩管理模块功能，从而熟悉如何利用 Java 语言逐步开发学生成绩管理模块。

学习笔记

二、实训要求

用户从控制台输入 10 名学生的学号、姓名和语文、数学和英语三科成绩：

（1）编写程序计算每个学生的平均分、总分。

（2）编写程序计算每门课程的平均分、最高分、最低分、不及格人数。

（3）编写程序计算 10 名同学按总分排序的名次。

三、实训评价

姓名：________________ 完成日期：________________

序号	考核内容	标准分	评分
1	实现控制台录入学生成绩	10	
2	计算并输出每个同学的平均分、总分	20	
3	计算并输出每门课程的平均分、最高分、最低分、不及格人数。	20	
4	计算并输出 10 名同学按总分排序的名次	20	
5	完成任务收获积累：	30	
总评分		100	

四、学习笔记

学习笔记

学习笔记

项目五

智慧校园之学生信息查询模块功能实现

项目导入

学习笔记

本项目通过分析学生信息查询模块要实现的功能，并按照模块功能生成代码，让学生掌握Java中的字符串是如何处理的，从而让学生熟悉如何利用字符串类来实现学生信息查询的功能。具体任务列表如下：

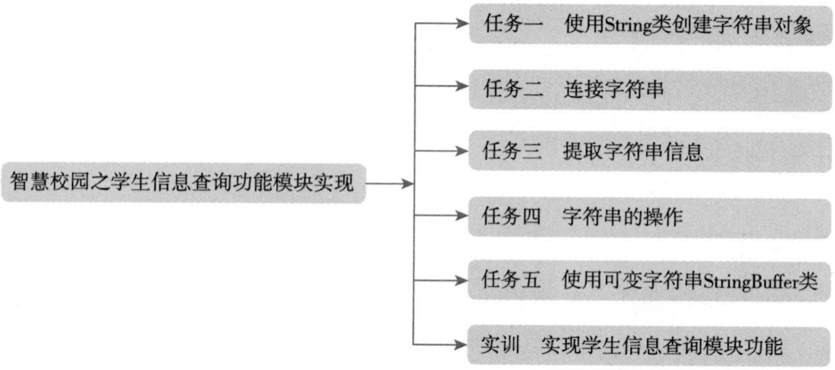

学习目标

◎知识目标

1. 掌握String类的使用方法。
2. 掌握字符串的连接方法。
3. 掌握如何提取字符串信息。
4. 掌握可变字符串类的使用方法。

◎技能目标

1. 会使用数组保存学生信息。
2. 能使用字符串查询学生的信息。

学习笔记

◎素养目标

1. 提升自我学习和持续学习的意识和能力。
2. 提升团队协作能力。
3. 通过信息查询功能模块的实现，提高工程逻辑思维。

任务一 使用 String 类创建字符串对象

情景描述

在系统中设置了不同对象的不同属性，如教师有教工号、姓名、性别、职称、基本工资等属性；学生有学号、姓名、性别、院系、班级、课程成绩等属性，经常会用到字符串，Java 中定义了 String、StringBuffer 等类来封装字符串，并提供了一系列操作字符串的方法。本任务主要学习 String 类创建字符串对象的方法。

任务分解

根据上述工作情景，将任务分解如下：

1. 字符串如何声明。
2. 如何创建字符串。

任务实现

课前学习

扫描二维码观看视频，并思考下列问题：

在 Java 编程语言中，字符串如何进行声明和使用？

String类

课堂学习

小航同学：师傅，在 Java 程序编写过程中，我们常常会遇到像家庭住址、电话号码等这样类型的数据，该怎么处理呢?

师傅：在应用程序中经常会用到字符串，所谓字符串指一连串的字符，它由许多单个字符串连接而成的。字符串在存储上类似数组，不仅字符串的长度可取，而且每一位上的字符串也可取。在 Java 语言中，是把字符串当作对象来处理的，可以通过 java.lang 包中的 String 类创建字符串对象。

一、声明字符串

字符串是常量，它可以显示任何文字信息。在 Java 语言中单引号中的内容表示字符，如 'a'，而双引号中的内容则表示字符串。例如：

```
"这是一个字符串","13839595718","锄禾日当午，汗滴禾下土"
```

学习笔记

Java 通过 java.lang.String 这个类来创建可以保存字符串的变量，所以字符串变量是一个对象。

声明字符串变量的方法如下：

```
String UserName;
String Tel,Email;
```

注意：在不给字符串变量赋值的情况下，默认为 null，如果此时调用 String 类的方法时，会出现空指针错误。

二、创建字符串

给字符串变量赋值有很多方法：

1. 引用字符串常量

直接将字符串常量赋值给 String 类型变量，示例代码如下：

```
String GoldWords="时间就是金钱，我的朋友";
String Verse1="锄禾日当午",Verse2="小鸡炖蘑菇";
String Tel,Email;
Tel="13839575888";
Email="xykh@sina.com";
```

2. 利用构造方法实例化

使用 new 关键字创建 String 对象，示例代码如下：

```
String Words1=new String("我爱清汤小肥羊");
String Words2=new String("喜欢罗山大肠汤");
```

3. 利用字符数组实例化

使用字符数组创建一个字符串，示例代码如下：

```
char[] WrodArr= {'知','识','就','是','力','量'};
String WordStr=new String(WrodArr);
```

4. 提取字符数组中的一部分创建字符串对象

提取字符数组中的部分字符创建一个字符串，示例代码如下：

```
char[] WrodArr= {'知','识','就','是','力','量'};
String SubStr=new String(WrodArr,4,2);
```

例 5-1 为字符串赋值。

编写程序，声明多个字符串，用不同的方法给字符串变量赋值并输出。

实现代码如下：

学习笔记

```
public class Demo01 {
    public static void main(String[] args) {
        String GoldWords=" 时间就是金钱，我的朋友 "; // 直接引用字符串变量
        System.out.println("GoldWords="+GoldWords);
        String Words2=new String(" 喜欢罗山大肠汤 "); // 利用构造方法实例化
            // 利用已存在的字符串变量实例化
            String tempWords2=new String(Words2);
        System.out.println("Words2="+Words2);
        System.out.println("tempWords2="+tempWords2);
        char[]  WrodArr= {' 知 ',' 识 ',' 就 ',' 是 ',' 力 ',' 量 '};
        String  WordStr=new String(WrodArr); // 利用字符数组实例化
        System.out.println("WordStr="+WordStr);
        char[]  WrodArr1= {' 知 ',' 识 ',' 就 ',' 是 ',' 力 ',' 量 '};
        // 提取字符数组部分内容，从下标为 4 的元素开始，截取 2 个字符
        String  SubStr1=new String(WrodArr1,4,2);
        System.out.println("SubStr1="+SubStr1);
    }
}
```

运行结果如图 5-1 所示。

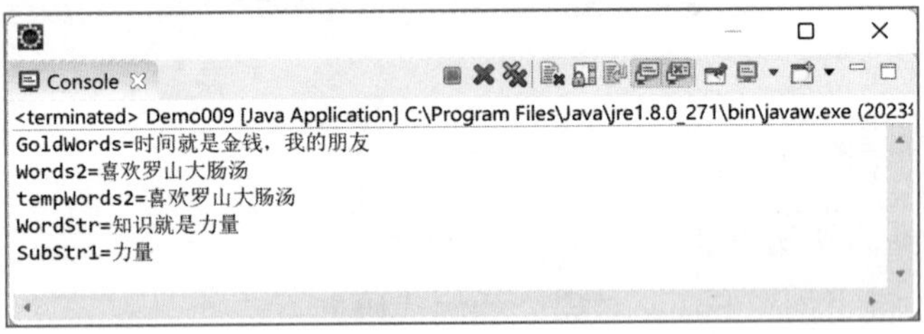

图 5-1　运行结果

课堂练习

有一个名为“刘二牛”的学生，创建一个字符串对象，并将“你见过信航凌晨 4 点钟的样子吗？”存储在这个字符串对象中，输出“刘二牛：你见过信航凌晨 4 点钟的样子吗？”

任务二　连接字符串

情景描述

当查询出学生信息后，系统可能需要构建一条包含用户信息的字符串。例如，如果系统想要显示一条欢迎消息，它可能会将用户名与一条固定的消息字符串连接起来。本任务主要学习字符串之间如何进行连接。

任务分解

根据上述工作情景，将任务分解如下：

学习笔记

字符串如何进行连接？

任务实现

课前学习

扫描二维码观看视频，并思考下列问题：

在 Java 编程语言中，字符串之间是如何连接的？

字符串的连接

课堂学习

小航同学：师傅，在 Java 程序中，经常需要把多个字符串信息连接到一起，该如何处理呢？

师傅：在 Java 程序中，如果遇到多个字符串相连，可以使用“+”运算符进行连接。

字符串的连接

使用“+”运算符可以连接多个字符串并产生一个 String 对象。除了“+”运算符，“+=”也可以实现。

例 5-2 李二牛的自我介绍。

实现代码如下：

```
public class Demo02 {
    public static void main(String[] args) {
        String  a="我叫李二牛";
        String  b="今年19岁";
        String  c=a+","+b;
        String  d="我来做自我介绍";
        d+=c;
        System.out.println("a="+a);
        System.out.println("b="+b);
        System.out.println("c="+c);
        System.out.println("d="+d);
    }
}
```

运行结果如图 5-2 所示。

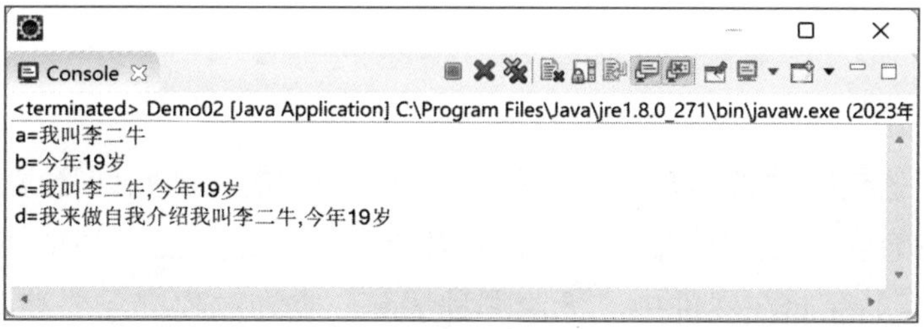

图 5-2　运行结果

例 5-3 将字符串与数字连接。

实现代码如下：

学习笔记

```
public class Demo03 {
    public static void main(String[] args) {
        int age=23;
        float weight=78.5f;
        System.out.println("我叫刘二牛，今年"+age
                    +"岁，体重："+weight+"公斤。");
    }
}
```

运行结果如图 5-3 所示。

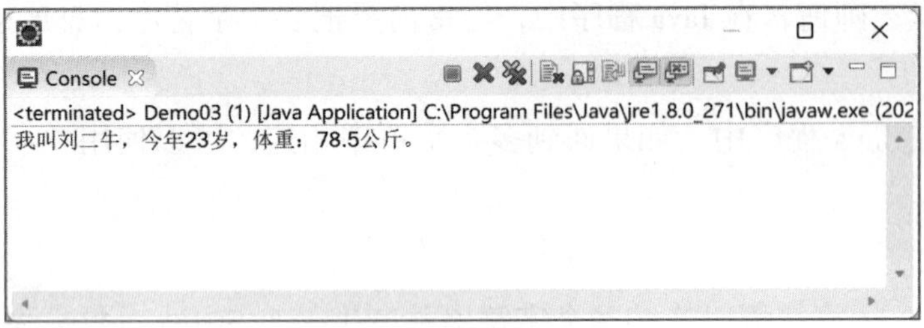

图 5-3 运行结果

课堂练习

要将 10 000 元人民币存入银行，定期的年利率为 2.6%，计算并输出满一年的本金、利息和本息和。

运行结果如图 5-4 所示。

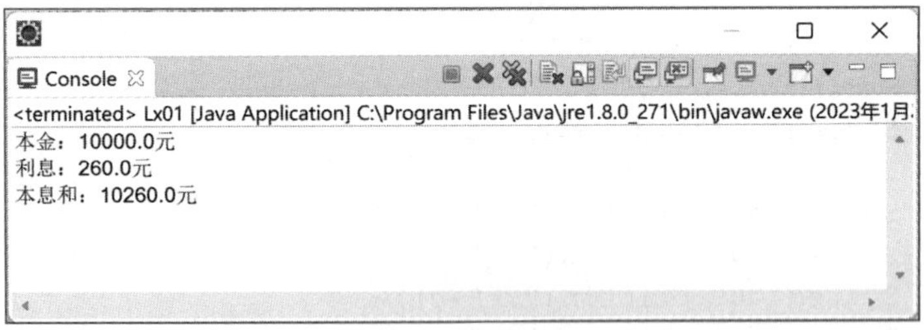

图 5-4 运行结果

任务三 提取字符串信息

情景描述

在一个智慧校园的管理系统中，需要实现一个功能，即允许管理员或教师查询学生的个人信息。学生的信息可能存储在数据库中，也可能以某种格式（如 CSV、JSON、XML 等）存储在文件中。无论哪种情况，查询过程都需要涉及从数据源中提取字符串信息，并解析这些字符串以获取学生的详细信息。提取字符串信息是一个常见的任务，通常涉及对字符串进行解析、分割、查找或替换等操作，以获取所需的特定信息。本任务主要学习如何提取字符串信息。

任务分解

根据上述工作情景，将任务分解如下：

1. 获取字符串长度。
2. 获取指定位置的字符。
3. 获取字符串索引位置。
4. 获取字符数组。

任务实现

课前学习

扫描二维码观看视频，并思考下列问题：

在 Java 语言中，字符串信息如何提取？

学习笔记

提取字符串信息

课堂学习

小航同学：师傅，在编写学生信息查询模块时，我想从学生的 QQ 邮箱中获取学生的 QQ 号码，该怎么处理呢？

师傅：要想从字符串中获取部分信息，需要了解 Java 如何提取字符串信息的一些方法。

一、获取字符串长度

length() 方法会返回字符串的字符数量，获取字符串长度。

它的语法格式如下：

```
str.length();
```

例 5-4 输出字符串的长度。

实现代码如下：

```
public class Demo04 {
    public static void main(String[] args) {
        String china="人生自古谁无死，留取丹心照汗青";
        int Strnum=china.length();
        System.out.println("字符串的长度为："+Strnum);
    }
}
```

运行结果如图 5-5 所示。

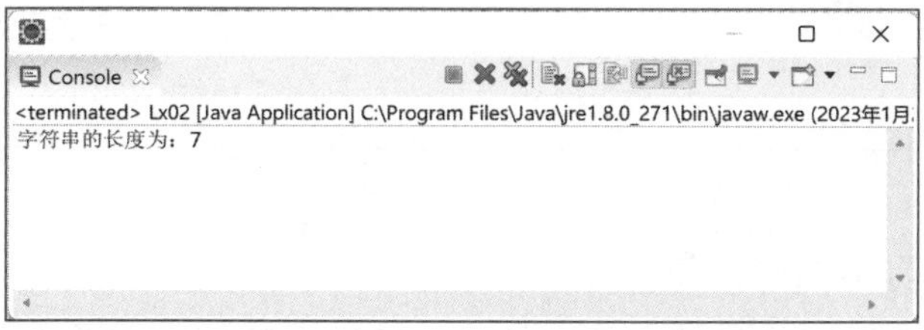

图 5-5　运行结果

学习笔记

二、获取指定位置的字符

charAt(int index) 方法用来获取指定索引的字符。

它的语法格式如下：

```
str.charAt(index);
```

- str：任意字符串对象。
- index：char 值的索引。

例 5-5 查出字符串中索引位置是 4 的字符。

实现代码如下：

```
public class Demo05 {
    public static void main(String[] args) {
        String Verse="锄禾日当午，汗滴禾下土";
        char chr=Verse.charAt(4);
        System.out.println("字符串中索引位置为 4 的字符是："+chr);
    }
}
```

运行结果如图 5-6 所示。

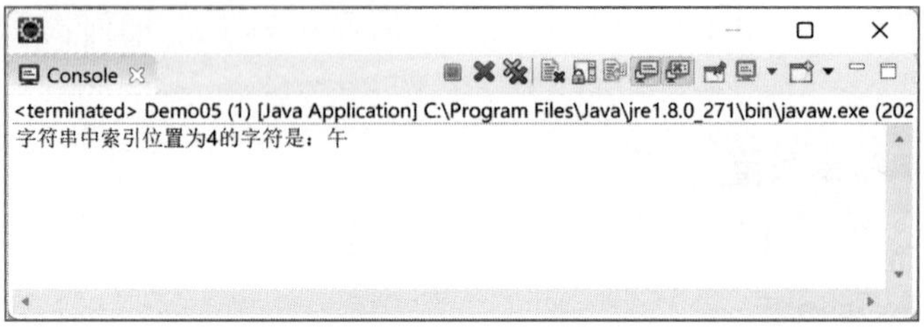

图 5-6　运行结果

课堂练习

将“津 A.12345”“沪 A.23456”“京 A.34567”这三张号牌放到 String 类型的数组中，然后遍历数组的过程中完成对每张号牌归属地的判断。

运行结果如图 5-7 所示。

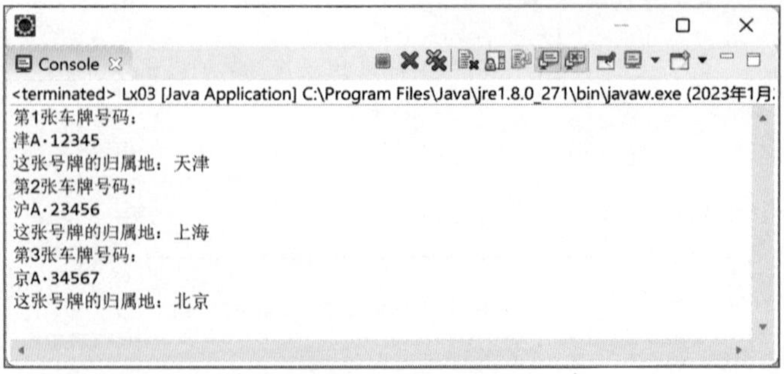

图 5-7　运行结果

三、获取字符串索引位置

indexOf( ) 方法返回的是搜索的字符或字符串在字符串中首次出现的索引位置，

学习笔记

如果没有检索到要查找的字符或字符串，则返回 –1。

它的语法格式如下：

```
a.indexOf(substr);
```

- a：任意字符串。
- substr：要搜索的字符或字符串。

例 5-6 判断字符串中是否有中文逗号。

实现代码如下：

```
public class Demo06 {
    public static void main(String[] args) {
        String str = "明月几时有，把酒问青天。"; // 创建字符串对象
        // 获取字符串中文逗号首次出现的索引，赋值给 charIndex
        int charIndex = str.indexOf("，");
        if (charIndex != -1) { // 判断：index 的值不等于 -1
            // 如果 index 不等于 -1，则执行此行代码，说明字符串中有中文逗号
            System.out.println("字符串中中文逗号的索引为："+ charIndex);
        } else {// 如果 index 等于 -1，则执行此行代码，说明字符串中没有中文逗号
            System.out.println("字符串中没有中文逗号");
        }
    }
}
```

运行结果如图 5-8 所示。

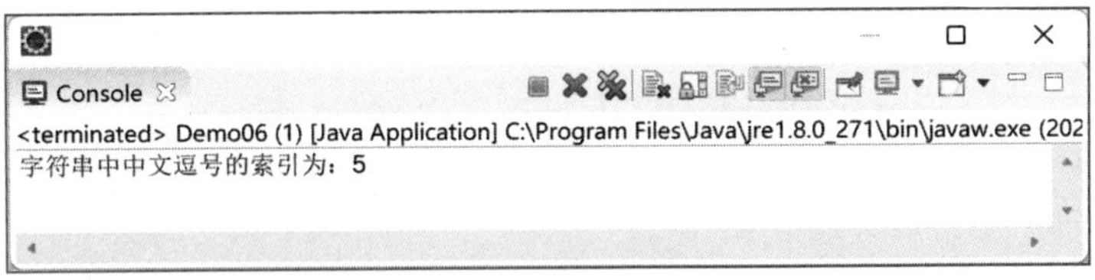

图 5-8　运行结果

课堂练习

以“@”和“.com”作为依据，简单判断控制台输入的地址是否为有效邮箱地址。

运行结果如图 5-9 所示。

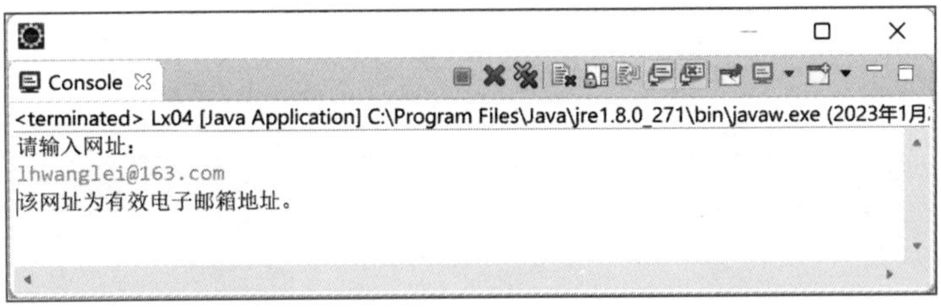

图 5-9　运行结果

四、判断字符串首尾内容

startsWith( ) 和 endsWith( ) 方法分别用于判断字符串是否以指定的内容开始或结

学习笔记

束。这两个方法的返回值都是 boolean 类型。

1. startsWith(String prefix) 方法

该方法用于判断字符串是否从指定的前缀开始。

它的语法格式如下：

```
str.startWith(prefix);
```

- str：任意字符串。
- prefix：作为前缀字符串。

例 5-7 统计车牌号以京开头的车辆总数。

实现代码如下：

```
public class Demo07 {
    public static void main(String[] args) {
        //各省车牌号数组
        String  carno[]= {"豫L2U58","沪A56567","鄂AS858","京B2T156",
                "京B2G156","京B2T196","鄂BS858","沪C56567"};
        //用于计算总数的变量
        int num=0;
        //遍历所有车牌号
        for(int i=0;i<carno.length;i++)
        {
            //获取单个车牌号
            String car=carno[i];
            //判断车牌号是否是以京开头
                if(car.startsWith("京"))
            {
                //符合条件，计数器递增
                num++;
            }
        }
        //输出统计结果
        System.out.println("车牌号以京开头的有："+num+"个");
        }
}
```

运行结果如图 5-10 所示。

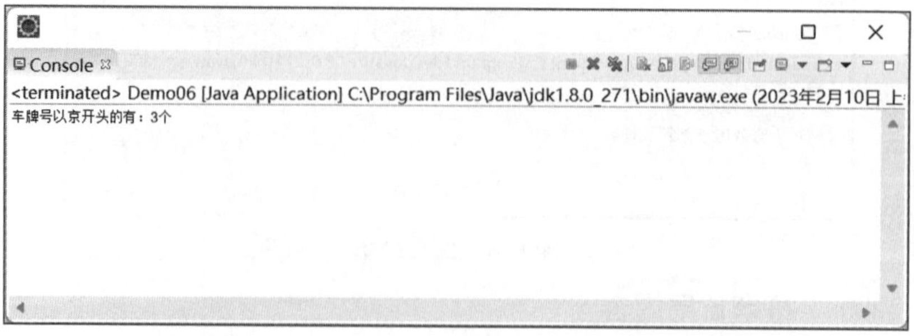

图 5-10 运行结果

学习笔记

课堂练习

判断控制台输入的手机号归属于哪个手机运营商。

运行结果如图 5-11 所示。

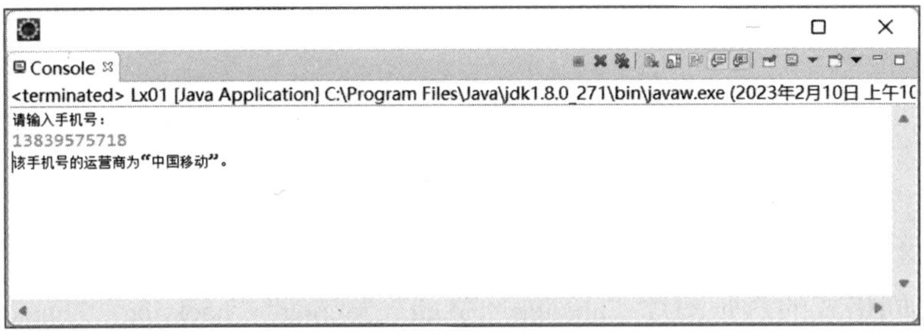

图 5-11　运行结果

2. endsWith(String suffix) 方法

该方法判断字符串是否是以指定的后缀结束。

它的语法格式如下：

```
str.endsWith(suffix);
```

- str：任意字符串。
- suffix：指定的后缀字符串。

例 5-8 查找限号车牌。

实现代码如下：

```
public class Demo08 {
    public static void main(String[] args) {
        // 各省车牌号数组
        String carno[] = { "豫L2U58", "沪A56566", "鄂AS856", "京B2T157",
                "京B2G154", "京B2T196", "鄂BS858", "沪C56567" };
            // 被限制的尾号
            String number = "6";
            // 输出统计结果
            System.out.println("今日限号: " + number+", 限制出行的车牌有: ");
            //遍历所有车牌号
            for(int i=0;i<carno.length;i++)
            {
                //如果该车牌号被限制
                if(carno[i].endsWith(number))
                {
                    //输出此车牌
                    System.out.print(carno[i]+"   ");
                }
            }
        }
}
```

运行结果如图 5-12 所示。

学习笔记

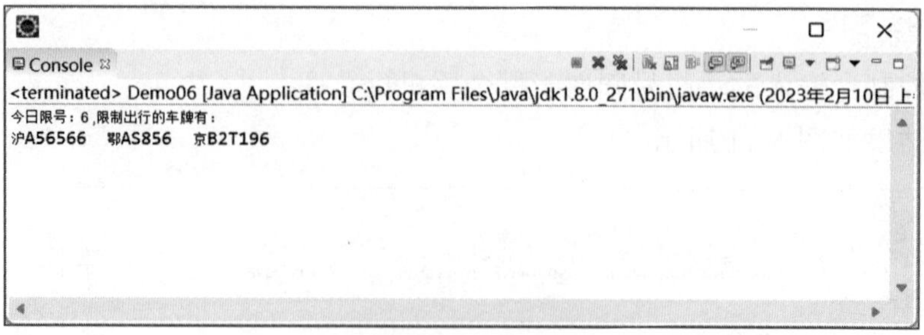

图 5-12 运行结果

课堂练习

现有不同格式的六张图片 “abc.jpg” “d.gif” “ef.png” “hack.jpg” “lianxi.gif” “oper.png”，根据控制台指定的序号，输出指定格式的图片全称。

运行结果如图 5-13 所示。

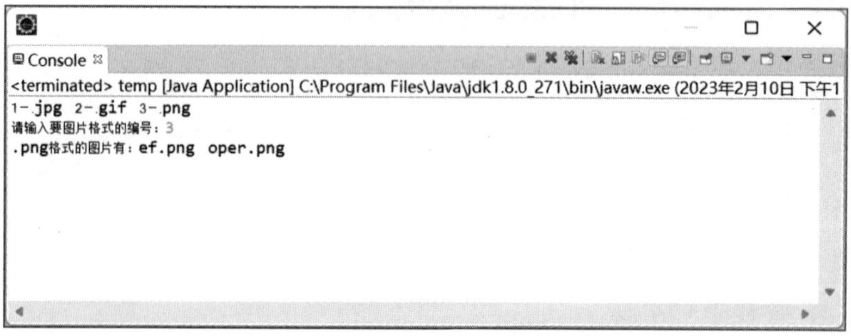

图 5-13 运行结果

五、获取字符数组

toCharArray( ) 方法可以将字符串转换为一个字符数组。

它的语法格式如下：

```
str.toCharArray();
```

例 5-9 提取字符串中的每一个字符。

实现代码如下：

```
public class Demo09 {
    public static void main(String[] args) {
        //创建一个字符串
        String str="千里之行，始于足下";
        //将字符串转换成一个数组
        char[] ch=str.toCharArray();
        //遍历字符数组
        for(int i=0;i<ch.length;i++)
            {
                //输出数组的每一个元素
                System.out.println("数组第"+i+"个元素为："+ch[i]);
        }
    }
}
```

学习笔记

运行结果如图 5-14 所示。

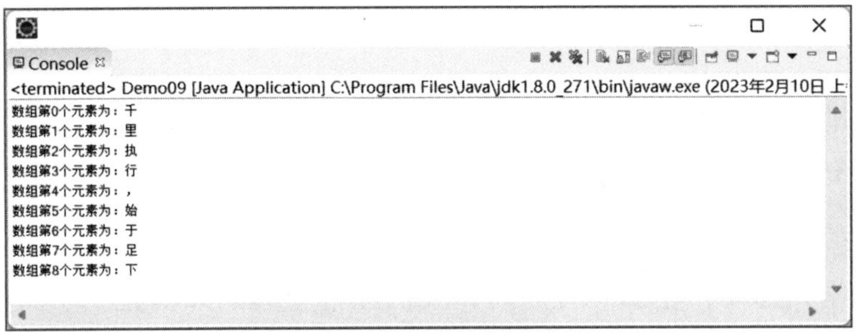

图 5-14　运行结果

课堂练习

在控制台输入一个字符串，并将此字符串转置输出，例如“千里之行，始于足下”转置后变为“下足于始，行之里千”。

运行结果如图 5-15 所示。

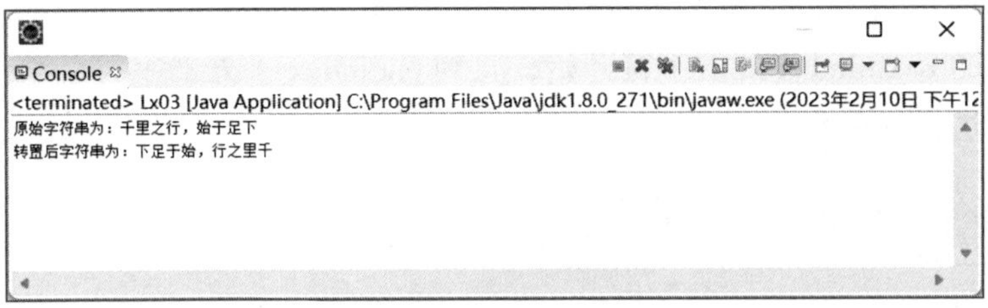

图 5-15　运行结果

任务四　字符串的操作

情景描述

在学生信息查询系统中，字符串操作扮演着至关重要的角色，特别是在处理从数据源（如数据库、文件等）检索到的学生信息时，需要对学生信息的查询、显示和可能的编辑操作。这些操作通常涉及从数据源中检索学生信息，并将这些信息以某种形式（如文本、表格等）展示给用户。在这个过程中，字符串操作起着关键作用。本任务主要学习字符串的一些常见操作。

任务分解

根据上述工作情景，将任务分解如下：

1. 截取字符串。
2. 字符串的替换。
3. 字符串的分割。
4. 比较字符串相等。

学习笔记

任务实现

课前学习

扫描二维码观看视频，并思考下列问题：

在 Java 语言中，常见的字符串操作有哪些？

字符串的操作

课堂学习

小航同学：师傅，在编写程序时，我们经常会遇到如何把一个人的手机号码中间 4 位隐藏显示，如何从学生的学号中获取年级和班级信息等操作，该怎么处理呢？

师傅：这些都是字符串的常见处理情况，能否合理处理字符串会直接影响程序的安全和效率，因此需要我们熟悉字符串的常见操作。

一、截取字符串

substring( ) 方法返回一个新的字符串，它是此字符串的一个子字符串。该子字符串从指定的 beginindex 处的字符开始，直到 endindex-1 处的字符结束。

它的语法格式分别如下：

```
str.substring(beginIndex);
str.substring(beginIndex, endIndex);
```

- str：任意字符串。
- beginIndex：起始索引（包括）。
- endIndex：结束索引（不包括）。

例 5-10 截取身份证号中的出生日期。

实现代码如下：

```
public class Demo10 {
    public static void main(String[] args) {
        //定义一个身份证号字符串
        String card_no="411122200512100089";
        //截取身份证号中的年份
        String year=card_no.substring(6,10);
        //截取身份证号中的月份
        String month=card_no.substring(10,12);
        //截取身份证号中的日
        String day=card_no.substring(12,14);
        System.out.print("该身份证显示的出生日期为：");
        //输出出生日期
        System.out.print(year+"年"+month+"月"+day+"日");
    }
}
```

运行结果如图 5-16 所示。

学习笔记

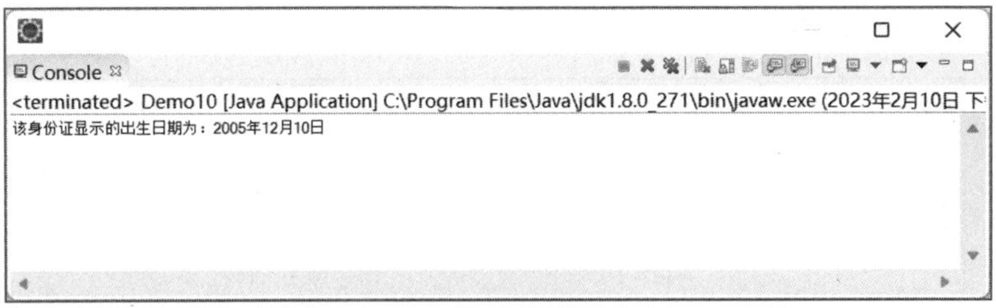

图 5-16　运行结果

课堂练习

截取 QQ 邮箱地址中的 QQ 号。

运行结果如图 5-17 所示。

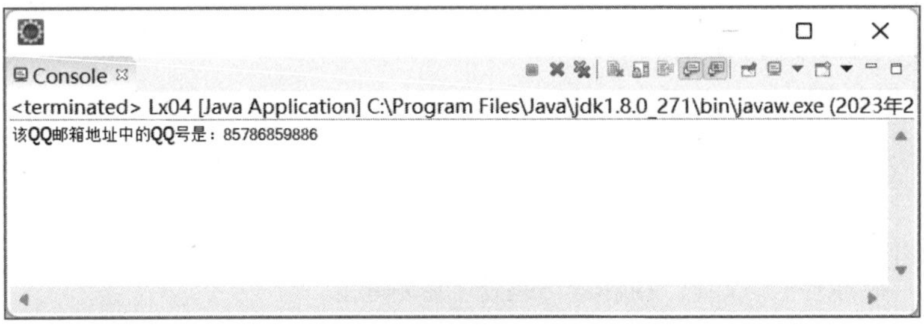

图 5-17　运行结果

二、字符串替换

replace( ) 方法可以实现将指定的字符序列替换成新的字符序列。

它的语法格式如下：

```
str.replace(oldstr, newstr);
```

- str：任意字符串对象。
- oldstr：要被替换的字符序列。
- newstr：替换后的字符序列。

例 5-11 隐藏手机号码的后四位。

实现代码如下：

```
public class Demo11 {
    public static void main(String[] args) {
        // 定义一个保存手机号码的字符串
        String  phone="13839596969";
        // 获取到手机号码的后四位
        String  subphone=phone.substring(7);
        // 把手机号码的后四位替换为 *
        String  newphone=phone.replace(subphone, "****");
        // 输出原手机号码
        System.out.println(" 原手机号为: "+phone);
        // 输出隐藏后的手机号码
        System.out.println(" 隐藏后的手机号码为: "+newphone);
    }
}
```

学习笔记

运行结果如图 5-18 所示。

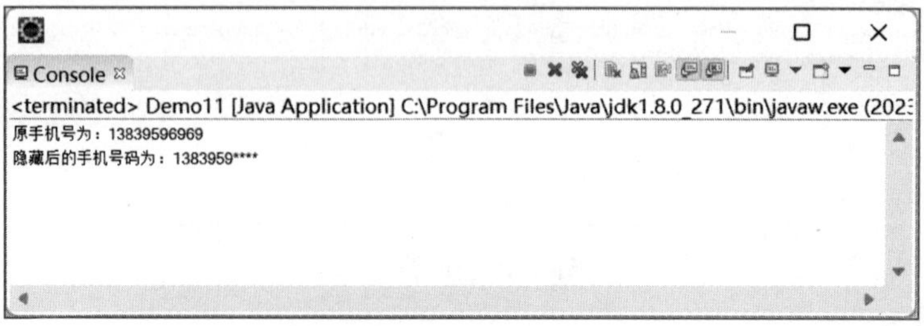

图 5-18 运行结果

课堂练习

将字符串“今天时星其天，外面时下雨天。妈米去买菜了，漏网在家写作业。”中的错别字纠正后进行输出。

运行结果如图 5-19 所示。

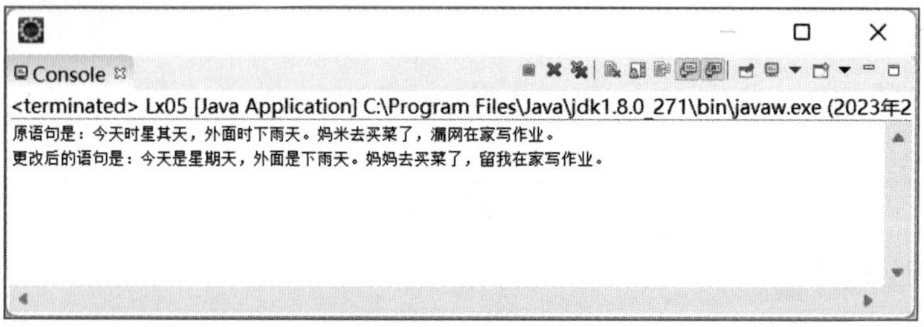

图 5-19 运行结果

三、字符串分割

split( ) 方法可以根据给定的分隔符进行拆分，支持正则表达式，最后返回一个字符串数组。

它的语法格式如下：

```
str.split(regex);
```

- str：任意字符串对象。
- regex：分隔符表达式。

例 5-12 将菜谱中的菜品保存到数组中。

实现代码如下：

```
public class Demo12 {
    public static void main(String[] args) {
        //创建菜谱
        String menu="焖白鳝，焖黄鳝，豆豉鲇鱼，锅烧鲇鱼，"
                  + "烀皮甲鱼，锅烧鲤鱼，抓炒鲤鱼";
        String menu_arr[]=menu.split("，");
        for(int i=0;i<menu_arr.length;i++)
        {
            //输出元素的索引和具体值
```

```
            System.out.println("菜单的第"+(i+1)+"元素为："+menu_arr[i]);
        }
    }
}
```

运行结果如图 5-20 所示。

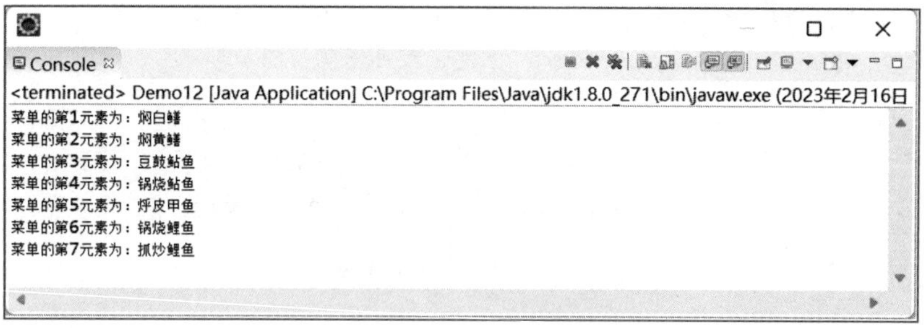

图 5-20　运行结果

课堂练习

声明两个字符串：一个是 " 宋江，卢俊义，林冲，鲁智深，武松 "；另一个是 " 及时雨，玉麒麟，豹子头，花和尚，行者 "。以逗号为分隔符分割两个字符串，然后将人物绰号和名字拼接在一起并输出。

运行结果如图 5-21 所示。

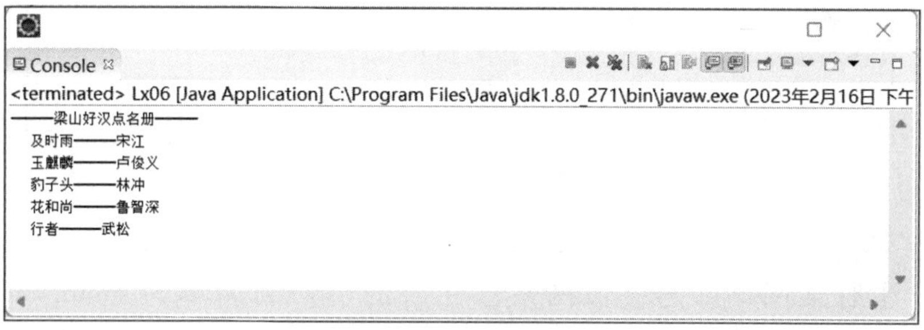

图 5-21　运行结果

四、比较字符串是否相同

想要比较两个字符串对象的内容是否相同，需要用 equals( ) 方法。当且仅当进行比较的字符串不为 null，并且与被比较的字符串内容相同时，结果才为 true。

它的语法格式如下：

```
str.equals(str);
```

- str：任意字符串。
- str：进行比较的字符串。

例 5-13 在第一次进入系统时要求管理员设置一个密码，出于安全考虑密码需要输入两次，如果两次输入的密码一致才生效，否则提示失败。

实现代码如下：

学习笔记

```
import java.util.Scanner;
public class Demo13 {
    public static void main(String[] args) {
        String sys = "学生信息管理";
        System.out.println("欢迎进入《" + sys + "》系统");
        System.out.println("请设置一个管理员密码：");
        Scanner input = new Scanner(System.in);
        String pass = input.next(); // 设置密码
        System.out.println("重复管理员密码：");
        input = new Scanner(System.in);
        String pass1 = input.next(); // 确认密码
        if (pass.equals(pass1)) { // 比较两个密码
            System.out.println("已生效，请牢记密码：" + pass);
        } else {
            System.out.println("两次密码不一致，请重新设置。");
        }
    }
}
```

运行结果如图 5-22 所示。

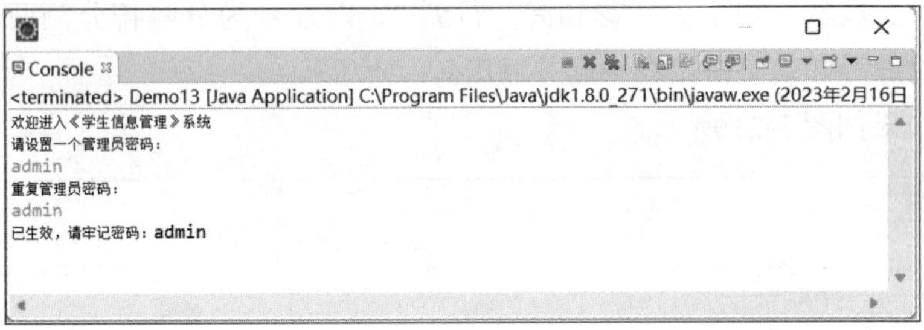

图 5-22 运行结果

课堂练习

用户注册某网站账号，该网站已注册的用户名名单为 admin、admin123、system、system666 和 system999。如果用户申请的用户名已被他人注册，则注册失败并给予用户提示。

运行结果如图 5-23 所示。

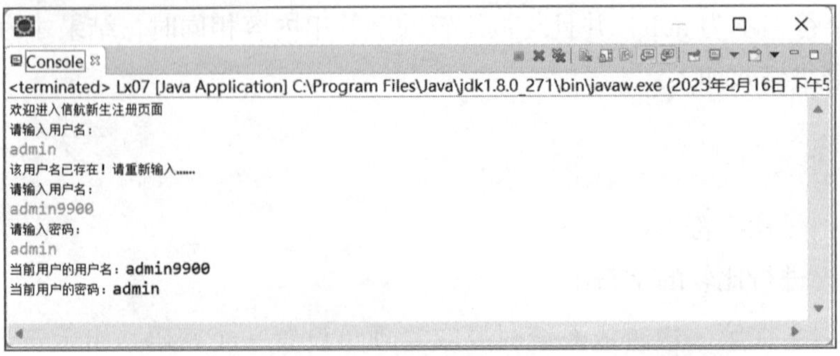

图 5-23 运行结果

学习笔记

任务五 使用可变字符串 StringBuffer 类

情景描述

在学生信息查询系统中，StringBuffer 类作为一个可变字符串的类，可以在处理字符串拼接、插入、删除和替换等操作时提供显著的性能优势，特别是在涉及大量字符串操作时。如在学生信息查询系统需要支持从数据库中检索大量学生信息，并将这些信息按照特定的格式进行拼接，以便在用户界面上显示。在这个过程中，我们可能会遇到以下问题：

性能问题：如果直接使用 String 类进行字符串拼接，每次拼接都会创建一个新的 String 对象，这会导致大量的内存分配和垃圾回收操作，从而降低系统性能。

线程安全问题：由于系统可能需要处理多个并发请求，因此需要考虑线程安全问题。而 String 类是不可变的，因此线程不是安全的。为了解决这些问题，我们可以使用 StringBuffer 类来替代 String 类进行字符串操作。

本次任务主要学习如何使用可变字符串 StringBuffer 类。

任务分解

根据上述工作情景，将任务分解如下：

1. 什么是可变字符串 StringBuffer 类?
2. 使用 append 方法追加字符串。
3. 修改指定索引处的字符。
4. 在指定位置插入字符。

任务实现

课前学习

扫描二维码观看视频，并思考下列问题：

在 Java 语言中，为什么要用可变字符串类?

可变字符串类

课堂学习

小航同学：师傅，如果我想要构建一个包含学生姓名、年龄、班级等信息的字符串，并将这些信息以特定的格式（如 CSV）输出，该如何处理呢?

师傅：如果需要频繁修改字符串内容（如插入、删除或替换字符），可以使用 StringBuffer 类来处理字符串。

学习笔记

可变字符串 StringBuffer 类

由于字符串是常量，因此一旦创建，其内容和长度是不可改变的。如果需要对一个字符进行修改，则只能创建新的字符串。为了对字符串进行修改，Java 提供了一个 StringBuffer 类（也称字符串缓冲区）。StringBuffer 类和 String 类的最大区别在于它的内容和长度都是可以改变的。StringBuffer 类似一个字符容器，当在其中添加或删除字符时，并不会产生新的 StringBuffer 对象。

1. 创建 StringBuffer 类

创建一个新的 StringBuffer 对象必须用关键字 new，而不能像 String 对象那样直接引用字符串常量。它的语法格式如下：

```
//创建一个对象，无初始值
StringBuffer strbf1=new StringBuffer();
//创建一个对象，初始值为"锄禾日当午"
StringBuffer strbf2=new StringBuffer("锄禾日当午");
//创建一个对象，初始容量为 32
StringBuffer strbf3=new StringBuffer(32);
```

2. append( ) 方法

append( ) 方法可将参数转换成字符串，然后追加到此字符串的最后。

它的语法格式如下：

```
strbf.append(obj);
```

- strbf：任意 StringBuffer 对象。
- obj：任意数据类型的对象，例如，String、int、double、Boolean 等，都转变成字符串的表示形式。

例 5-14 为字符串追加不同类型的文字。

实现代码如下：

```
public class Demo14 {
    public static void main(String[] args) {
        // 创建 StringBuffer 对象
        StringBuffer sbf = new StringBuffer("门前大桥下,");
        sbf.append("游过一群鸭,");                  // 追加字符串常量
        // 创建其他 StringBuffer 对象
        StringBuffer tmp = new StringBuffer("快来快来数一数,");
        sbf.append(tmp);                          // 追加 StringBuffer 对象
        int x = 24678;                            // 创建整型变量
        sbf.append(x);                            // 追加整型变量
        System.out.println(sbf.toString()); // 输出
    }
}
```

运行结果如图 5-24 所示。

学习笔记

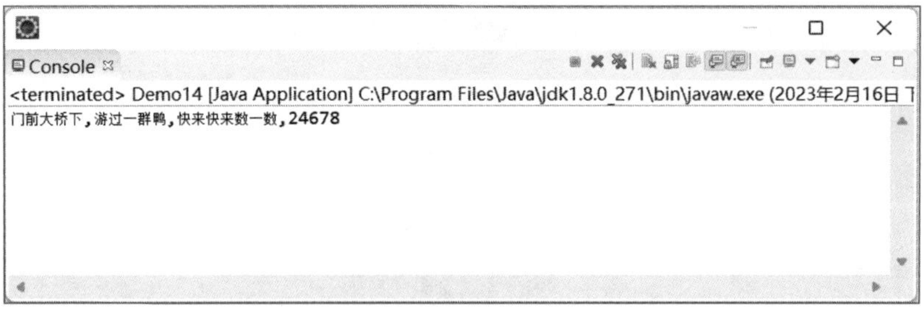

图 5-24　运行结果

课堂练习

每个新学期开始，学校都会针对本学期课程列出必修课程。编写一个 Java 程序，要求用户向控制台循环录入五门必修课程名称，并将这五个名称进行连接，最后输出连接后的字符串。

运行结果如图 5-25 所示。

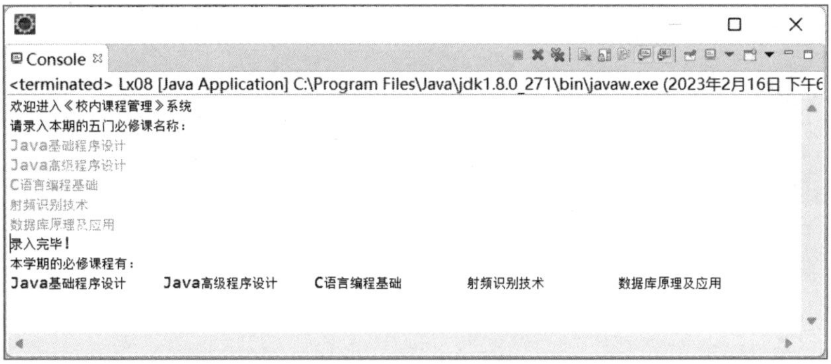

图 5-25　运行结果

3. setCharAt(int index, char ch) 方法

将给定索引处的字符修改成 ch。

它的语法格式如下：

```
strbf.setCharAt(index,ch);
```

- strbf：任意 StringBuffer 对象。
- index：被替换字符的索引。
- ch：替换后的字符。

例 5-15 替换手机号中间四位为“****”。

实现代码如下：

```
public class Demo15 {
    public static void main(String[] args) {
        // 创建 StringBuffer 对象，记录一个电话号
        StringBuffer phoneNum = new StringBuffer("13839575788");
        for (int i = 3; i <= 6; i++) {     // 从 3 开始循环到 6
            phoneNum.setCharAt(i, 'X');   // 将此索引的字符改为 "X"
        }
```

```
        System.out.println("幸运观众的手机号为：" + phoneNum); // 输出结果
    }
}
```

运行结果如图 5-26 所示。

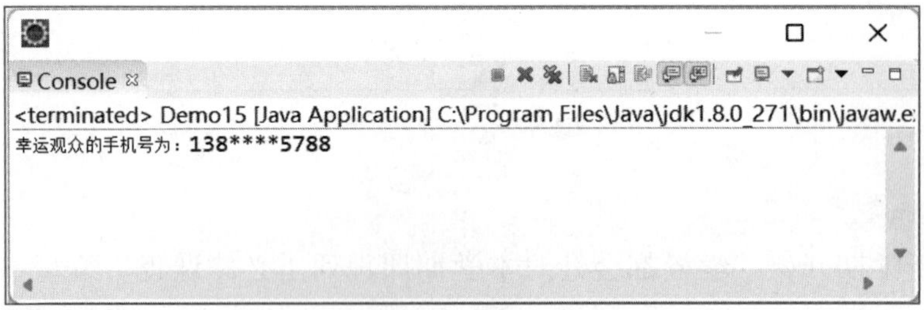

图 5-26　运行结果

课堂练习

编写程序，把字符串 "welcomeGeeks" 替换为 "WelComeGeeks"。

运行结果如图 5-27 所示。

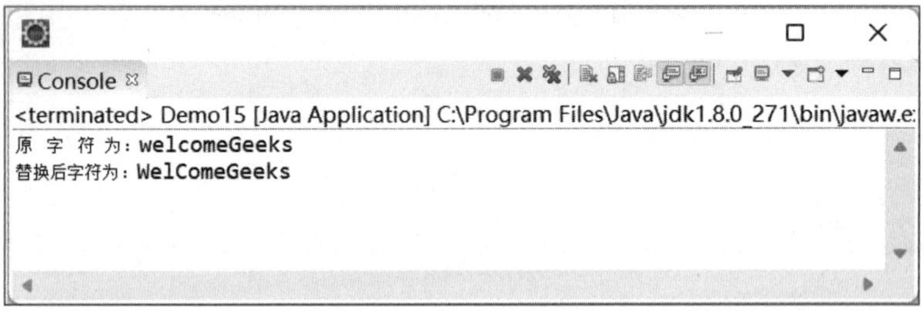

图 5-27　运行结果

4. insert(int offset, String str) 方法

将字符串 str 插入到指定的索引值 offset 位置上。

它的语法格式如下：

```
strbf.insert(offset,str);
```

- strbf：任意 StringBuffer 对象。
- offset：插入的索引。
- str：插入的字符串。

例 5-16 给字符串 " 海燕叫喊着飞翔着像黑色的闪电，箭一般地穿过乌云，翅膀掠起波浪的飞沫。" 加上标点符号。

实现代码如下：

```
public class Demo16 {
    public static void main(String[] args) {
        // 创建 StringBuffer 对象，记录一个字符串
        StringBuffer strbf= new StringBuffer("海燕叫喊着飞翔着像黑色的闪电"
                    + "，箭一般地穿过乌云，翅膀掠起波浪的飞沫。");
```

学习笔记

```
        strbf.insert(5, ", ");                  //插入逗号
        strbf.insert(9, ", ");                  //插入逗号
        System.out.println(strbf);
    }
}
```

运行结果如图 5-28 所示。

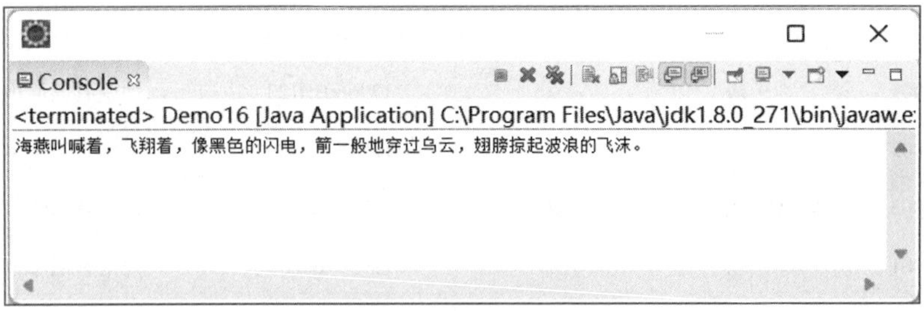

图 5-28　运行结果

课堂练习

编写程序，给字符串 " 熊出没小心 " 加上标点符号，效果为“熊出没，小心”。运行结果如图 5-29 所示。

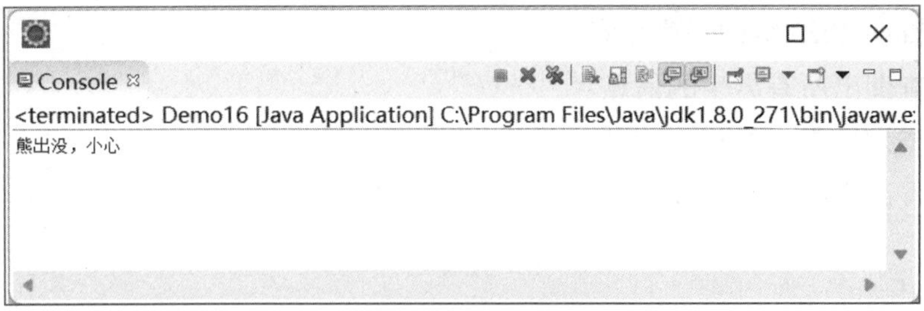

图 5-29　运行结果

实训　实现学生信息查询模块功能

课前学习

扫描二维码观看视频，并思考下列问题：

（1）学生信息查询都有哪些功能？

（2）如何使用程序实现学生信息查询功能？

实现学生信息查询模块功能

课堂实训

一、实训目的

让学生了解字符串的常用处理方法，并利用字符串处理函数完成学生信息查询，从而让学生掌握学生信息查询功能是如何实现的。

学习笔记

二、实训要求

创建数组，存储以下学生信息，编写程序完成以下功能：

单　号	姓　名	性　别	电话号码	家庭住址
20230101001	刘阳	男	12978786969	河南省郑州市金水区
20230101002	顾欢	女	12756564321	河南省洛阳市碑林区
20230201001	胡海	男	12678569876	河南省信阳市平桥区
20240101001	王梅	女	12966010123	河南省漯河市源汇区
20240101002	赵小天	男	12845678989	河南省信阳市源河区
20240101003	张菲亚	女	12945666543	河南省郑州市二七区
20230102001	索超	男	12959768698	河南省洛阳市人民路
20240201001	刘欢欢	女	12912345678	河南省漯河市召陵区
20240301001	王小亮	男	12032145689	河南省信阳市平桥区
20240101002	张明	男	12856569898	河南省郑州市二七区
20230301002	赵强	男	12912340025	河南省新乡市白马区

（1）查询 2023 级的学生信息。

（2）查询出所有男生的信息。

（3）查询信阳市的学生信息。

（4）查询家庭住址在郑州市的所有男生信息。

三、实训评价

姓名：________________　　　　　　完成日期：________________

序号	考核内容	标准分	评分
1	完成数组的创建	10	
2	查询 2023 级的学生信息	10	
3	查询出所有男生的信息	20	
4	查询信阳市的学生信息	20	
5	查询家庭住址在郑州市的所有男生信息	20	
6	完成任务收获积累：	20	
总评分		100	

学习笔记

四、学习笔记

项目六

智慧校园之学生信息管理模块功能实现

学习笔记

项目导入

本项目通过分析学生信息管理模块要实现的功能，并按照模块功能生成代码，让学生了解Java的面向对象编程基础，并利用面向对象思想添加学生、删除学生、并打印出学生的基本信息，从而让学生熟悉Java面向对象的思想，具体任务列表如下：

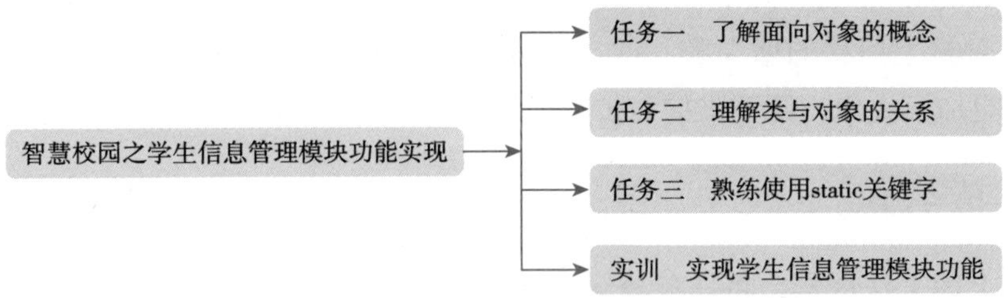

学习目标

◎知识目标

1. 了解面向对象的使用。
2. 理解类与对象的关系。
3. 掌握类构造方法的使用。
4. 掌握类的静态变量和静态方法如何定义和使用。

◎技能目标

1. 能熟练掌握创建出学生对象、学生管理对象。
2. 能熟练掌握学生对象、学生管理对象的访问。
3. 能联系实际，定义和设计学生类、学生管理类。
4. 能辨析引用类型和基本类型区别。
5. 能熟练使用类的构造方法创建出学生对象。
6. 能熟练使用静态变量和静态方法来保存学生的共享信息。

学习笔记

◎素养目标

1. 养成良好的编程习惯，编写可读性强、易于维护的代码，包括合理的命名约定、注释和文档。

2. 学会抓住 Java 语言特性解决问题的能力，能够使用类和对象解决实际问题。

3. 持续学习和适应新知识，不断更新知识库，学习新的类库和特性，如 Java 8 的 Lambda 表达式和 Stream API 等。

任务一　了解面向对象的概念

情景描述

人类认识世界就是面向对象的，而面向对象的设计实质上就是对现实世界的对象进行建模操作，因而利用这种方式开发程序更容易。面向对象思想即“万事万物皆对象”，皆有其属性和功能。属性和功能通常被封装在一起，共同体现对象（事物）的特性，属性和功能相辅相成，不能分割。

对于学生信息管理系统而言，包含了“学生”和“学生管理”两个对象，“学生”对象存储了学生的基本信息数据，如姓名、学号、年龄等，“学生管理”对象用于实现对学生信息的增、删、改、查操作，这种将数据和操作分离的设计方式，使得代码更加模块化，便于维护和扩展。本任务主要是学习掌握如何理解面向对象。

任务分解

根据上述工作情景，将任务分解如下：

1. 了解什么是复合类型？

2. 从复合类型到面向对象。

任务实现

课前学习

扫描二维码观看视频，并思考下列问题：

（1）面向对象的思想是什么？

（2）创建对象的语法是什么？

面向对象

课堂学习

一、复合类型

小航同学：师傅，之前我们学习了变量来存储数据，当我们希望存储一个学员的信息（姓名、性别、身高）时，我们需要定义三个变量，但这三个变量合在一起构成一条学员信息，那有没有一种技术可以将这些逻辑相关的信息以整体的方式来

学习笔记

进行研究呢？

师傅：当然，类就是来解决这个问题的。使用 class 可以来定义一个类，类实际上就是一种类型，你可以认为是一种（复合）类型。

小航同学：如何构造这个复合类型呢，师傅？

师傅：我们使用 class 来构造这个类型。

```
class Student {
    String name = "霍华建";    // 默认名字
    int height = 178;          // 默认身高
    String sex = "男";         // 默认性别
}
```

构造类型后，如何使用这个类型来定义变量：我们需要使用 new 来创造复合类型的对象，并用变量来存储对象的位置。

```
Student stu = new Student();
```

如何读写变量的内容：我们可以使用对象打点或变量打点来访问内容。

```
stu.sex= "女";// 修改内部的内容
// 读取内部内容并输出
System.out.println("姓名:"+stu.name+"\t 性别:"+stu.sex);
```

记忆力好的，可能会觉得似曾相识，对了，输入内容时使用的 Scanner sc = new Scanner(System.in); 写法太像了。只不过 Scanner 是 Java 中定义好的，而今天的 Student 是我们自己造（定义）出来的。下面来看完整的代码：

```
public class Test {
    public static void main(String[] args) {
        Student stu = new Student();
        stu.sex = "女";        // 修改内部的内容
        // 读取内部内容并输出
        System.out.print("姓名: " + stu.name + "\t 性别: " + stu.sex);
    }
}
class Student{
    String name = "霍华建";    // 默认名字
    int height = 178;          // 默认身高
    String sex = "男";         // 默认性别
}
```

运行结果如图 6-1 所示。

图 6-1　运行结果

学习笔记

二、从复合类型到面向对象

小航同学：师傅，复合类型就是对象吗？

师傅：复合类型完成了数据的包装，让我们在程序开发中，更进一步。实际上，复合类型不光可以包装数据，还可以包装功能。这和人们在现实世界中对事物分类的方法是一致的，如图 6-2 所示。

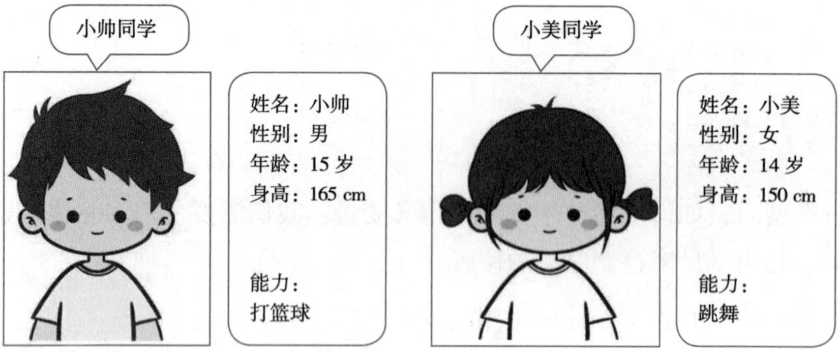

图 6-2 人物对象

他们都是人物，都有自己的特性和能力。我们把这种以对象的特征（特性）和功能（操作）为核心的研究事物的思想，称作面向对象。

任务二 理解类与对象的关系

情景描述

类和对象相辅相成，类是对一种事物有什么属性或有什么功能的一种描述，是一种自定义类型。对象是现实生活中实实在在存在的，是类的具体表现，用类的类型创建出来的变量就是一个对象。本任务主要是学习理解类与对象的关系。

任务分解

根据上述工作情景，将任务分解如下：

1. 类与对象的关系。
2. 类型总结（引用类型）。
3. 类的构造方法。

任务实现

类与对象

课前学习

扫描二维码观看视频，并思考下列问题：

（1）在 Java 语言中，类的成员包括 ________ 和 ________。

A. 类名　　B. 对象　　C. 属性　　D. 方法

（2）类和对象有哪些区别和联系？

课堂学习

小航同学：师傅，我们该如何理解类和对象呢？

师傅：类是构造面向对象程序的基本单位，是抽取同类对象的共同属性和方法所形成的对象或实体的“模板”，而对象是现实世界中实体的描述，对象要创建才存在，有了对象才能对其操作。可以理解为，类是对象的模板，对象是按照模板产生出来的实例 A、实例 B、实例 C 等，一个类对应多个对象，而这些对象的属性和方法是相同的。

总之，如果类是模子，对象就是利用这个模子生产出来的东西；如果类是岗位描述，对象就是这个岗位上实际的工作者；如果类是房子的模型或设计图纸，那么对象就是根据模型或图纸建造的房子。类是抽象的，而对象是实在的。我们先来了解类与对象的关系、引用类型。

一、类与对象的关系

人们研究对象的目的是更加清楚地认识对象，发现对象之间的关系，而抽象的结果往往有两个：

（1）该对象本质上属于已经存在的分类。

（2）该对象不属于任何已经存在的分类，我们将之命名为一个新的分类。这就像生物学家根据生物的形态结构、生理功能等相似程度，将生物划分为不同的等级，主要包括域、界、门、纲、目、科、属、种等级别，以反映它们之间的亲缘关系和进化历史。

根据图 6-3 可知，当我们抽象出分类之后，就可以把分类当成一个模子，去认识其他对象，总结如图 6-4 所示。

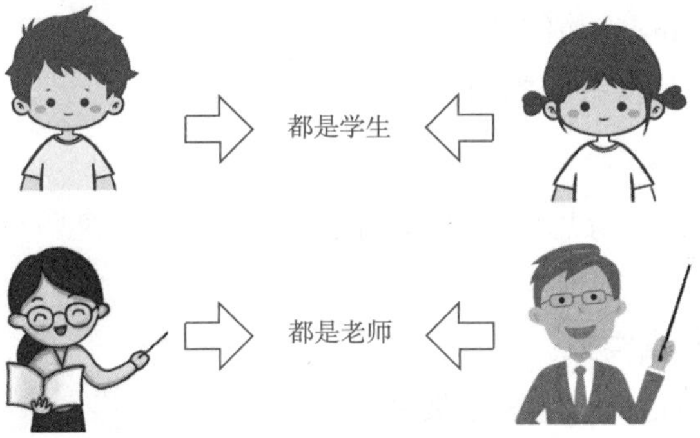

图 6-3　人物对象的关系

学生类
老师类
……
类是模子，确定对象将会拥有怎样的特征（属性）和行为（方法）

图 6-4　人物对象归类

再来看下面的代码：

```
public class Test {
    public static void main(String[] args) {
        Student stu = new Student();
        stu.name = "小明";
        stu.height = 175;
        stu.sayHi();          //调用对象方法
```

学习笔记

```
        }
    }
    class Student{
        String name = "小航";        //默认名字
        int height = 180;            //默认身高
        String sex = "男";           //默认性别
        public void sayHi() {
            System.out.println("大家好，我是" + this.name + "，" + this.
sex + "，身高" + height + "厘米");
        }
    }
```

运行结果如图 6-5 所示。

图 6-5 运行结果

说明：我们在类型 Student 添加了一个做自我介绍的功能 sayHi（注意看，没有 static），然后进行输出，你有没有发现，this.name，它的值是多少呢？答案是“小明”。那能不能这样说：“在方法 sayHi 中，可以访问当前类的 name 属性？”答案是：不能，这是一种错误的表达方式。

实际上，我们可以把方法分成两种：一种是加了 static 的静态方法（也可以称为类方法），一种是没有加 static 的对象方法，sayHi 是个对象方法，也就是说，如果 sayHi 方法正在执行，则必是某个已经被创建出来的对象（在本例中是 stu 中存着的门牌号对应的对象）的 sayHi 在执行，而此时 sayHi 中的 this.name 的 this，就是这个对象的代称，我们可以使用 this 来访问这个对象中的所有内容，this 可以被省略，因此，我们直接写 height，也是没有问题的。

二、类型总结（引用类型）

小航同学：师傅，引用类型是什么意思？它跟我们之前学的基本类型有什么区别？

师傅：Java 当中，主要有两种数据类型：

（1）基本的值类型：我们已经讲过的 8 大基本类型；

（2）引用类型：由 class 定义。例如，Scanner、String 以及本项目中我们自定义的 Student 等。

基本的值类型大家都已经非常熟悉了，但是引用类型为什么称作“引用”呢？它又是引用着谁呢？示例代码如下：

```
    public static void main(String[] args) {
        Student s1 = new Student("小美", 162, "女");
```

学习笔记

```
    Student s2 = s1;
        s2.name = "小芳";
        System.out.println(s1.name);
        System.out.println(s2.name);
    }
```

运行结果如图 6-6 所示。

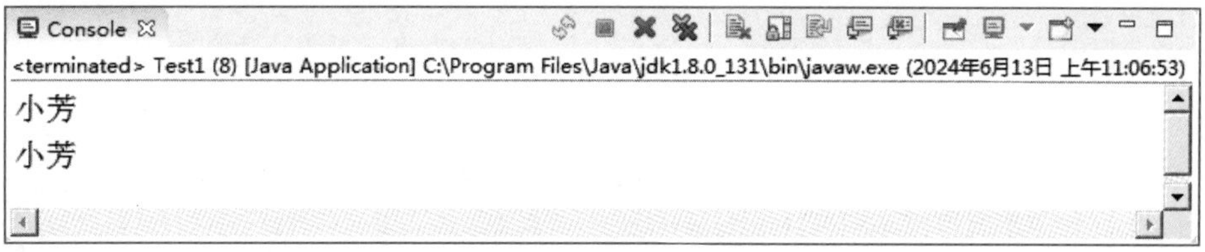

图 6-6 运行结果

是不是有点奇怪，修改的是 s2 的 name 属性的值，为什么 s1.name 也变成“小芳”了呢?

说明：值类型数据和引用类型数据最大的差异就发生在赋值操作上。

（1）值类型变量直接存储内容，在发生赋值时，如 int a=5; int b= a; 它是将 a 的内容克隆一份，赋给另一个变量（两份内容互不相干）b;

（2）引用类型则是变量和对象分开存储，在上边的赋值完成后，s1 的内容克隆一份（实际上是对象的地址），赋给 s2，这个时候 s1、s2 同时指向某一个对象（两个变量中存着同一个对象的地址），修改 1 个另一个也自动跟着变化。

三、类的构造方法

小航同学：师傅，什么是类的构造方法？有什么作用呢？有没有一种方式在创建对象的同时，直接修改对象内部属性的值呢?

师傅：Java 当中，类的构造方法目的就是为了实例化出对象即创建对象的，构造方法就能够解决在创对象的同时还能够直接给对象内部的属性赋值，示例代码如下：

```
public class Student {
    String name = "小航";      // 默认名字
    int height = 180;          // 默认身高
    String sex = "男";         // 默认性别
    // 类的无参构造方法
    public Student() {
    }
    // 类的有参构造方法，用来实例化对象并初始化属性
    public Student(String name, int height, String sex) {
        super();
        this.name = name;
        this.height = height;
```

学习笔记

```
            this.sex = sex;
        }
        // 自定义的方法
        public void sayHi() {
            System.out.println("大家好，我是" + this.name + "，" + this.
sex + "，身高" + this.height + "厘米");
        }
    }
    public class Test {
        public static void main(String[] args) {
            //使用对应的构造方法创建对象并初始化属性
            Student stu = new Student("小帅", 185, "男");
            //调用对象的方法
            stu.sayHi();
        }
    }
```

运行结果如图 6-7 所示。

图 6-7　运行结果

构造方法做了以下工作：

（1）构造方法负责对象的创建，初始化内部成员。

（2）带回对象的地址，并存储到 stu 中。

注意：

（1）方法不能有返回值类型，void 也不能使用。

（2）方法名称必须和类名完全一致。

（3）如果未定义任何构造方法，系统会自动提供一个；一旦我们自己定义有参数的构造方法，系统就不会再自动提供无参数的构造方法，如果需要，必须自己来定义。

课堂练习

定义一个描述三角形的类 Triangle，要求如下：

（1）类中有三个整型的成员变量：b1、b2 和 b3，分别表示三角形的三条边。

（2）定义方法求三角形的周长，并定义一个带三个参数的构造方法。

（3）定义测试类 Test，在 Test 里使用有参构造方法创建出一个三角形并求出周长。

学习笔记

任务三　熟练使用 static 关键字

情景描述

系统的日常使用中经常会需要一些共享数据，该如何定义呢？

任务分解

根据上述工作情景，将任务分解如下：

1．类的静态成员。

2．类的静态方法。

任务实现

课前学习

扫描二维码观看视频，并思考下列问题：

static关键字

下列选项中，关于静态变量的说法正确的是（　　）。

A．静态变量值是不可改变的

B．静态变量只能通过类名来访问

C．静态变量只能通过实例来访问

D．实例方法和类方法都能访问静态变量

课堂学习

小航同学：师傅，在日常生活中，我们会跟别人共享使用相同的东西，在 Java 中我们是如何进行定义的呢？

师傅：在现实生活中，有各种各样的共享案例，例如，共享充电宝、共享电动车、共享单车等，这些共享的事物既不属于我也不属于你，而是属于大家的。那么在 Java 中如何实现这种共享的现象呢？使用 static 关键字即可。

使用 static 关键字修饰的类成员变量，是属于类的静态成员，而不是属于类的实例对象的成员，它们只会在内存中存在一份，被所有实例对象所共享。这样，通过某个实例对象修改这个静态成员变量，会对所有实例对象所见到的值产生影响。

一、类的静态成员

类里头包含属性和功能，static 既可以修饰属性（成员变量），也可以修饰功能（成员方法），只要是被 static 修饰的不管是成员变量还是成员方法，都属于这个类型本身，也就是说通过类名加点就可以访问，而不必创建对象。

1．基本使用

代码示范如下：

```java
public class Test {
    static double PI = 3.1; //静态成员
    public static void main(String[] args) {
        int r = 2;
        //访问当前类内的static成员，类名可以省略
        double mianJi = PI*Math.pow(r, 2);
        //访问其他类内的static成员，使用类名打点访问
        double area = XMath.PI * Math.pow(r, 2);
        System.out.println("面积1为：" + mianJi);
        System.out.println("面积2为：" + area);

    }
}
class XMath{
    static double PI = 3.1415;
}
```

运行结果如图 6-8 所示。

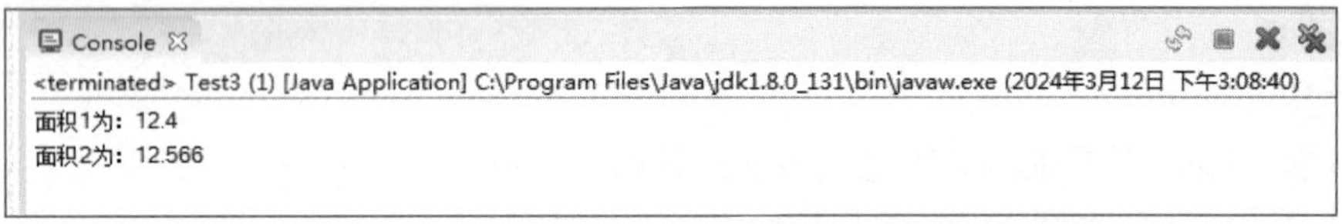

图 6-8　运行结果

观察代码，使用 Test 即当前类中的 PI 时，完整的写法是 Test.PI，但因为方法 main( ) 本身就在 Test 类中，所以可以省略，而使用其他类的 PI 时，使用 XMath.PI，这是一个完整写法。

2. 静态变量和实例变量的区别

静态变量和实例变量在存储位置、生命周期和访问方式等方面存在显著差异，见表 6-1。

表 6-1　静态变量和实例变量的区别

比 较 项	静 态 变 量	实 例 变 量
存 储 方 式	只存一份，只初始化一次，可以被对象共享访问。在加载类的过程中完成静态变量的内存分配	只存一份，只初始化一次，可以被对象共享访，只能被对象内的方法访问
使 用 方 式	类名 . 属性名 或者 对象名 . 属性名	对象名 . 属性名
生 命 周 期	静态变量随着类的加载而初始化，并在程序的整个生命周期内有效，直到程序结束或静态变量被显式销毁	实例变量则随着对象的创建而分配空间，对象被销毁时，实例变量也随之消失

综上所述，静态变量是类级别的，用于所有对象共享的数据，而实例变量是对象级别的，用于存储各自对象的状态数据。选择使用哪种变量取决于具体的应用场景和数据的性质。

二、类的静态方法

同类的静态变量一样，可以使用“类名 . 类方法名”调用，也可以“对象名 . 类方法名”调用。

例 6-1 创建学生类。

```
public class Test {
    public static void main(String[] args) {
        Stu xm = new Stu("小明");
        xm.payFee(200);              //调用类的静态方法——实例调用
        Stu xh = new Stu("小红");
        xh.payFee(200);              //调用类的静态方法——实例调用
        Stu.payFee(100);  //调用类的静态方法——直接类调用
        Stu.showFee();    //调用类的静态方法——直接类调用
    }
}
class Stu{
    private static double fee;//类的静态变量
    String name;
    public Stu(String name) {
        this.name = name;
    }
    public static void payFee(double fee) { //类的静态方法
        Stu.fee += fee;
    }
    public static void showFee() {           //类的静态方法
        System.out.println(Stu.fee);
    }
}
```

运行结果如图 6-9 所示。

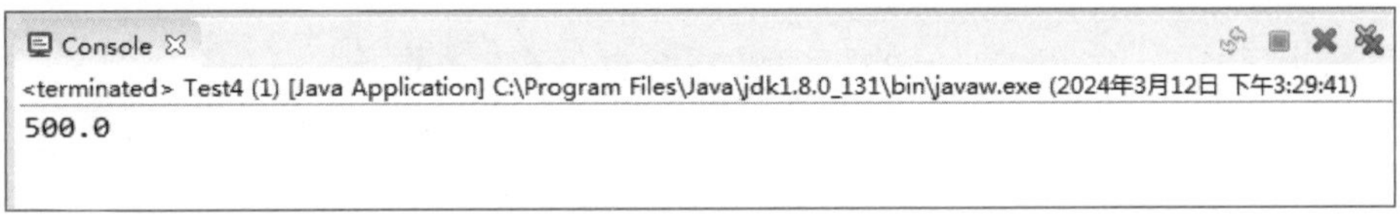

图 6-9　运行结果

可以看到上述案例一共调用了 3 次静态方法 payFee（不管是直接类名调用还是实例调用都一样，一般使用类名调用比较方便），所以静态变量 fee 的值会 3 次累加，最终结果就是 200+200+100=500。

1. 类静态方法的使用场景

当方法中不涉及任何和对象相关的成员，就可以将方法设计成静态方法。或者将一些工具方法，设计成静态方法，如打印一维数组、冒泡排序等。

就像要求两个数的和，如果这个方法设计成实例方法，那么每创建一个对象，就要浪费内存去存放这个方法，而将它设计出静态方法时，就不会每次实例化对象都要一点内存。

2. 类静态方法的使用细节

（1）类方法和普通方法都是随着类加载而加载的，将结构信息存储在方法区中。

（2）类方法可以通过类名调用，也可以通过对象名调用。

（3）普通方法和对象有关，需要通过对象名调用，不能通过类名调用。

（4）类方法中不允许使用和对象有关的关键字，如 this、super。普通方法可以

学习笔记

使用。

（5）类方法中只能访问静态成员，普通方法都可以方法。也就是静态只能访问静态，非静态不管是不是静态都可以访问。

课堂练习

模拟一个售票员售票程序，要求如下：

（1）定义一个售票员类（Saler），售票方法 SaleTicket()用于售出自己的一张售票。

（2）定义票仓类（TicketDB），总票数 3 张（记得使用 static 关键字）。

（3）定义测试类，创建 3 名售票员来进行售票，售出时显示售票成功，无票时显示售票失败。

实现代码参考如下：

```
public class Saler { // 售票员类
    void SaleTicket() {
        if (TicketDB.RemainingTickets > 0) {
            TicketDB.RemainingTickets--;
            System.out.println("售票成功");
        } else {
            System.out.println("票已经售完");
        }
    }
}
public class TicketDB { //票仓类
    static int RemainingTickets = 3;// 剩余票数
}
```

实训　实现学生信息管理模块功能

课前学习

实现学生信息管理模块功能

扫描二维码观看视频，并思考下列问题：

（1）学生信息管理模块都有哪些功能？

（2）如何使用程序实现学生信息管理模块？

课堂实训

一、实训目的

让学生了解 Java 的面向对象思想，并利用面向对象的写法打印出所有学生的信息，从而让学生熟悉 Java 面向对象的思想。

二、实训要求

某学校计划把今年新生的信息录入学生管理系统，新生清单见表 6-2。

表 6-2　学生信息表

学生姓名	学　号	性　别
张三	2023001	男
李四	2023002	男
王五	2023003	女

（1）把学生信息存入学生对象中，然后录入系统，显示出所有观察是否录入成功。

（2）查询学生王五是否存在。

（3）录入一个错误的学生信息，显示出所有观察是否录入成功。

（4）删除上一个错误的学生信息，并查询出所有观察是否删除成功。

运行结果如图 6-10 所示。

```
"C:\Program Files\Java\jdk1.8.0_91\bin\java.exe" ...
----------欢迎使用学生管理系统----------
请选择：1.添加学生 2.查询学生 3.删除学生 4 显示所有

1
请输入学生学号：
2023001
请输入学生姓名：
张三
请输入学生性别：
男
添加成功，是否继续添加学生？Y/N
y
请输入学生学号：
2023002
请输入学生姓名：
李四
请输入学生性别：
男
添加成功，是否继续添加学生？Y/N
y
请输入学生学号：
2023003
请输入学生姓名：
王五
请输入学生性别：
女
添加成功，是否继续添加学生？Y/N
n
学号        姓名      性别
2023001    张三    男
2023002    李四    男
2023003    王五    女
是否继续使用该程序，进行菜单选择？Y/N
y
请选择：1.添加学生 2.查询学生 3.删除学生 4 显示所有
2
请输入你查询的学生姓名：
王五
王五存在
查询成功，是否继续查询学生？Y/N
n
是否继续使用该程序，进行菜单选择？Y/N
y
请选择：1.添加学生 2.查询学生 3.删除学生 4 显示所有
1
请输入学生学号：
2023004
请输入学生姓名：
李阳
请输入学生性别：
男
添加成功，是否继续添加学生？Y/N
n
学号        姓名      性别
2023001    张三    男
2023002    李四    男
2023003    王五    女
2023004    李阳    男
是否继续使用该程序，进行菜单选择？Y/N
y
请选择：1.添加学生 2.查询学生 3.删除学生 4 显示所有
3
请输入你要删除的学生姓名：
李阳
李阳已删除
查询成功，是否继续删除学生？Y/N
n
学号        姓名      性别
2023001    张三    男
2023002    李四    男
2023003    王五    女
是否继续使用该程序，进行菜单选择？Y/N
y
请选择：1.添加学生 2.查询学生 3.删除学生 4 显示所有
4
学号        姓名      性别
2023001    张三    男
2023002    李四    男
2023003    王五    女
是否继续使用该程序，进行菜单选择？Y/N
n
程序结束

Process finished with exit code 0
```

图 6-10　运行结果

学习笔记

三、实训评价

姓名：________________ 完成日期：________________

序号	考核内容	标准分	评分
1	实现学生管理系统菜单选择面板	10	
2	实现是否继续的提示	10	
3	实现添加学生功能	20	
4	实现删除学生功能	20	
5	实现查询学生功能	20	
6	实现显示所有学生功能	10	
7	完成任务收获积累：	10	
总评分		100	

四、学习笔记

学习笔记

学习笔记

项目七

智慧校园之宿舍门禁人脸识别模块功能实现

学习笔记

项目导入

本项目通过分析宿舍门禁人脸识别模块要实现的功能，按照模块功能生成代码，了解 Java 的封装、继承、多态和接口特性，并利用这些语法实现人脸识别模块功能，从而熟悉 Java 的面向对象特性，具体任务列表如下：

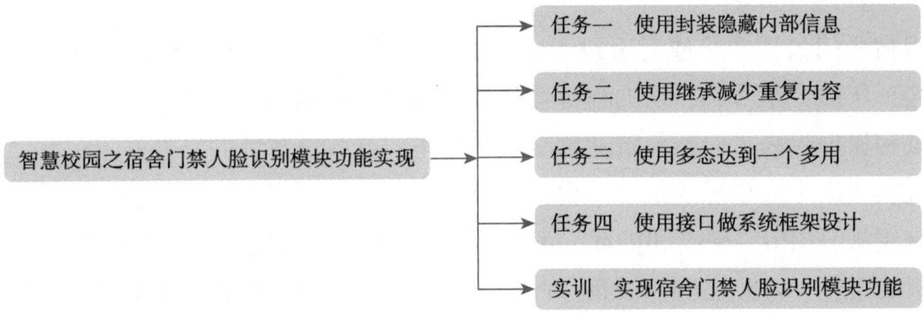

学习目标

◎知识目标

1. 掌握封装的目的和使用步骤。
2. 掌握继承的使用和方法重写。
3. 掌握多态的使用。
4. 掌握接口的设计和实现接口。
5. 掌握面向接口编程思想。
6. 掌握抽象类和接口的区别。

◎技能目标

1. 能使用封装来隐藏系统的不同实体类的内部细节。
2. 能使用继承和方法重写实现系统的拍摄不同目标模块。
3. 能使用多态实现系统对不同实体拍照功能模块。

学习笔记

4. 能使用接口实现系统选用不同相机（如自带的摄像机或者宿管的手机）进行扫描拍照识别的功能。

5. 能使用集成开发工具环境（IDE）如 Eclipse 或 IntelliJ IDEA 进行高效编码。

◎素养目标

1. 增强安全性和简化编程的意识，即使用者不需要了解内部实现，只需通过公共接口与对象交互。

2. 学会分析问题的本质，提高软件的灵活性和可扩展性，使得程序可以用统一的方式处理不同类型的对象。

3. 编写易于维护、扩展、整洁、规范、复用的代码，有利于团队协作开发。

4. 通过模拟不同场景、需求的编程练习，提高解决实际问题的能力。

任务一　使用封装隐藏内部信息

情景描述

当宿舍门禁摄像机或者手机识别到学生人像时，就会读取到学生的内部信息，如姓名、年龄、学号、所在的宿舍楼号等，而这些信息都是封装好的一个对象，已经隐藏和保护起来了，不会被随意修改和操作，这就是封装的好处。

现实生活中如果想要组装一台计算机，你会怎么做呢？一台计算机内部极其复杂，有主板、CPU、硬盘和内存，而一般用户不需要了解它的内部细节，不需要知道主板的型号、CPU 主频、硬盘和内存的大小，于是计算机制造商将用机箱把计算机封装起来，对外提供了一些接口，如鼠标、键盘和显示器等，这样当用户使用计算机就非常方便。

封装是面向对象的三大特征之一，保护和隐藏了内部实现的细节。本任务主要掌握实现封装的方法。

任务分解

根据上述工作情景，将任务分解如下：

1. 封装的作用。
2. 封装的实现步骤。

任务实现

封装

课前学习

扫描二维码观看视频，并思考下列问题：

以下选项中哪些不是封装的优点？（　　）

A．隐藏类的实现细节　　B．保护属性

C．简化编程，便于使用　　D．重用代码

课堂学习

一、封装及其作用

小航同学：师傅，如果我写的类不封装会有什么后果吗？

师傅：通过 Java 基础课程的学习，我们知道类由属性和方法组成，在类的外部通过本类的实例化对象可以自由访问和设置类中的属性信息，这样不利于属性信息的安全，请看如下示例代码：

```
public class demo01 {
    public static void main(String[] args)
    {
        Person p=new Person();
        p.name="小航";
        p.age=1000;
        p.sayHello();

    }
}
class Person
{
    public String name;
    public int age;
    public void sayHello(){
        System.out.print("你好！");
    }
}
```

上述代码在 Java 的初步应用中经常见到，大致一看没什么问题，但是仔细分析后会发现：把年龄设置成 1 000 合理吗？由于 Person 类的属性都是公有的（public），也就意味着在 Person 类的外部，通过 Person 类的实例化对象可以对这些公有属性任意修改，使得我们无法对类的属性进行有效的保护和控制。这属于设计上的缺陷，那怎样避免这种情况呢？这就需要用到封装了。

小航同学：师傅，那现实生活中有封装的案例吗？

师傅：在生活中有些情况就属于封装，如药店里出售的胶囊类药品，我们只需要知道这个胶囊有什么疗效，怎么服用就行了，不用关心也不可能去操作胶囊的药物成分和生产工艺；又比如电视机，我们只需要知道电视机能收看电视节目，知道怎么使用就行了，不用关心也不可能去搞清楚电视机内部都有哪些硬件以及是如何组装的。

这些都是现实生活中封装的例子，我们可以认为药物成分是胶囊的属性，但是用户不需要也不可能去操作它。我们也可以认为内部硬件是电视机的属性，但是用户也不需要去操作它。这就是现实生活中封装的特征，程序中的封装与此类似。

总的来说，封装是面向对象编程语言对客观世界的模拟，客观世界的属性都是被隐藏在对象内部的，外界不能直接进行操作或者修改。像常见的空调电视机等对象，这些对象都是封装好的，普通人只可以通过对小小的按钮操作来控制这些家电；不可以随意打开设备修改里头的东西。但是专业人员可以修改这些家电内部的零件，而我们就是要做这些“专家”。

小航同学：师傅，现实中的封装我明白了，都说程序源于生活，那程序中的封装怎么做呢？

师傅：封装就是将对象的状态信息隐藏在对象内部，不允许外部程序直接访问对象内部的信息，而是通过该类所提供的方法来实现对内部信息的操作和访问。简而言之，封装就是将类的属性私有化，并提供公有方法访问私有属性的机制，请看如下示例代码：

```
public class demo01 {
    public static void main(String[] args)
    {
        Person p=new Person();
        p.name=" 小航 ";
        p.age=1000;
        p.sayHello();
    }
}
class Person
{
    // 将属性使用 private 修饰，从而隐藏起来
    private String name;
    private int age;
    public void sayHello(){
        System.out.print(" 你好 !");
    }
}
```

上面的代码跟之前的代码有什么不同呢？其实是 Person 类中属性的访问修饰符由 public 改成了 private，即属性私有化了。这样一改就造成了 main 方法中的两行代码出现了编译错误，因为私有属性只能在其所在类的内部使用，在类的外部就无法访问了。

二、封装的实现步骤

小航同学：师傅，封装的实现需要几个步骤？

师傅：我们只需要通过 3 个步骤，就可以完成简单的封装：

（1）使用 private 修饰符将类的属性私有化，如下示例所示。使用 private 修饰的属性只能在类的内部调用，访问权限最小。

学习笔记

```
class Person
{
    private String name;
    private int age;
}
```

（2）属性被私有化之后在类的外部就不能访问了，我们需要给每个属性提供公有的 getter 和 setter 方法。

```
public class Person {
    private String name;
    private int age;
    public String getName()
    {
        // 获得 name 属性的 getter 方法
        return name;
    }
    public void setName(String name)
    {
        // 设置 name 属性的 setter 方法
        this.name = name;
    }
    public int getAge()
    {
        // 获得 age 属性的 getter 方法
        return age;
    }
    public void setAge(int age)
    {
        // 设置 age 属性的 setter 方法
        this.age = age;
    }
}
```

（3）在 getter 和 setter 方法中加入存取控制语句（这一步非必需的，根据具体业务添加）。

```
public static void main(String[] args)
public void setAge(int age)
{
    if(age>0 && age<100)// 存取限制
        this.age =age;
    else
        System.out.println("年龄不规范!");
}
```

例 7-1 判断年龄。

输入年龄值 -18，测试运行，代码如下：

```
public static void main(String[] args)
{
    Person p= new Person();
    p.setName("张三");
    p.setAge(-18);
    System.out.println("小p的姓名是:"+p.getName()+
        "年龄是:"+p.getAge());
}
```

运行结果如图 7-1 所示。

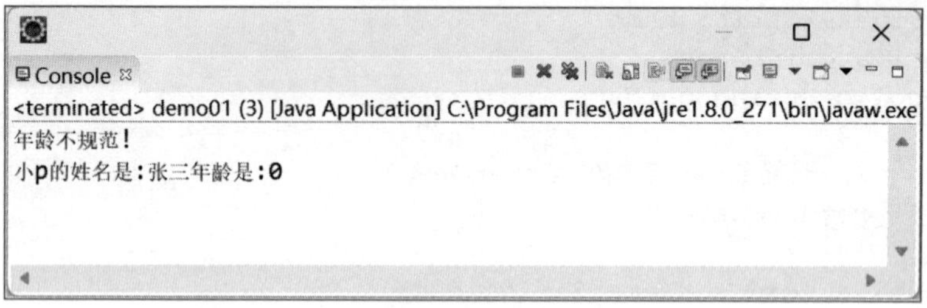

图 7-1　运行结果

从以上示例可以看出，封装可以达到以下目的：

（1）隐藏类的实现细节。

（2）用户只能通过事先提供的共有的方法来访问属性，从而在该方法中加入控制逻辑，以限制对属性不合理的访问。

（3）可以进行对数据检查，有利于对象信息的完整性。

（4）便于后期的代码修改，有利于提高代码的安全性和可维护性。

说明： Eclipse 工具可以快捷生成 getter( ) 和 setter( ) 方法，具体如下：

（1）在 Java 类中选中需要生成 getter( ) 和 setter( ) 方法的属性。

（2）右击选中的属性，在快捷菜单中选择“Source”→“Generate Getters and Setters”命令。

（3）在弹出的窗口中，选择需要生成的方法类型（getter 或 setter），并勾选需要生成的属性。

（4）单击 OK 按钮，即可自动生成 getter( ) 和 setter( ) 方法。

课堂练习

分别定义 Teacher 类和 Student 类，它们拥有相同的属性：name 和 age，请对它们进行封装并编写构造方法，实现步骤如下：

（1）创建 Teacher 类。

（2）定义私有属性 name 和 age。

（3）创建构造方法。

（4）生成 getter 和 setter 方法。

学习笔记

（5）创建 Student 类。

（6）定义私有属性 name 和 age。

（7）创建构造方法。

（8）生成 getter 和 setter 方法。

任务二　使用继承减少重复内容

情景描述

在校园宿舍人脸识别系统中，当扫描拍摄不同学生时，识别过程具有共同的特征，如姓名、获取人脸等，使用继承来把这些共性的特征提取出来到父类，就能解决代码重复问题和提升了程序的扩展性。

其实生活中的继承无处不在。王子继承了国王的王位，那么他就直接拥有了这个王国；刚长出的梅花继承了整个梅花树的坚韧不拔的生物特性，才能在严冬中开放，不畏寒冷。

程序中的继承亦然如此，有了继承就能避免很多重复工作从而提升工作效率。

任务分解

根据上述工作情景，将任务分解如下：

1．为什么需要继承？

2．如何实现继承？

3．继承中的方法重写。

任务实现

课前学习

扫描二维码观看视频，并思考下列问题：

方法重写和方法重载有什么区别？

继承

课堂学习

一、继承的作用

继承的主要目的是代码复用和扩展性，通过继承可以避免重复编写相同的代码，同时可以在保留原有功能的基础上，扩展新的功能。

小航同学：师傅，如果不用继承会有什么后果吗？

师傅：我们先来看一个不用继承的案例。

编写两个类：Student 和 Teacher，它们具有相同的属性 name 和 age。实现代码如下：

学习笔记

```
public class Teacher
{
    private String name;
    private int age;
    public Teacher(){
        this.name=" 周建国 ";
        this.age=28;
    }
    //此处省略 getter 和 setter 方法
    public void sayHello()
    {
        System.out.print(" 你好 !");
    }
}
class Student{
    private String name;
    private int age;
    public student(){
        this.name=" 张小明 ";
        this.age=24;
    }
    //此处省略 getter 和 setter 方法
    public void sayHello()
    {
        System.out.print(" 你好 !");
    }
}
```

上述代码没有错误，但存在重复的地方。Java 中有什么好的机制来避免重复呢？结论是：可以把 Teacher 类和 Student 类中相同的属性和方法提取出来放到另外一个单独的 Person 类中，然后让 Teacher 类和 Student 类继承 Person 类，同时保留自己独有的属性和方法，这就是 Java 中的继承。

用继承的方式，完善上边的代码，并开始体会继承的好处：

```
public class Person{// 人类
    private String name;
    private int age;
    // 此处省略 getter 和 setter 方法
public void sayHello()
    {
        System.out.print(" 你好 !");
    }
}
class Teacher extends Person{
    // 教员类
}
class Student extends Person{
    //学生类
    public void study()
    {// 学生类独有的方法
        System.out.print(" 学习 !");
    }
}
```

上述代码中，Teacher 类没有定义任何属性和方法，Student 类只定义了一个 study( ) 方法，这样一来重复的代码的确没有了，但是会不会影响使用呢？来看以下的测试代码：

```
public class Test {
    public static void main(String[] args) {
        Teacher t = new Teacher();// 创建一个老师
        t.setName(" 李老师 ");
        t.setAge(38);
        t.sayHello();
        Student s = new Student();// 创建一个学生
        s.setName(" 张三 ");
        s.setAge(24);
        s.sayHello();
    }
}
```

上述代码经过测试是可以正常运行的，这充分说明继承不但解决了代码重复的问题，由此可知，继承也保证了我们自定义的类是可以正常使用的。

二、实现继承

小航同学：师傅，那到底什么是继承呢？有什么特征吗？

师傅：我们来看一下图 7-2 所示的现实生活中继承的例子。

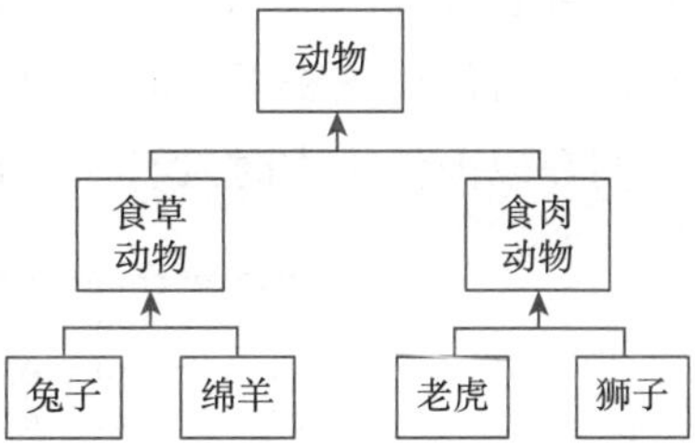

图 7-2　动物类的子类关系

通过这个例子我们可以总结出继承具有如下特征：

（1）为什么说兔子和绵羊是食草动物，而不把兔子和狮子放在一起？因为兔子和绵羊具有相同的特征和行为。这些相同的特征和行为可以抽象出一个父类——食草动物。

（2）继承具有树形结构，越顶层的越模糊、越通用，越底层的越具体、越个性。

（3）子类只能直接继承一个父类，一个父类可以有多个子类，就像一个父亲可以有多个儿子，但是一个儿子只能有一个父亲一样。Java 只支持单重继承。

（4）树形结构的顺序：兔子是食草动物是正确的，但食草动物是兔子是不正确的。

小航同学：师傅，我明白了，继承就是 is-a 的关系。这就是继承的特征，Java 中的继承与之相同。那 Java 中的子类究竟可以从父类中继承哪些“财产”呢？

师傅：Java 语言中子类对父类的继承有以下特性：

（1）子类可以继承父类中使用 public 和 protected 修饰的属性和方法，不论子类和父类是否在同一包中。

学习笔记

（2）子类可以继承父类中使用默认修饰符修饰的属性和方法，但子类和父类必须在同一个包中。

（3）子类无法继承父类中使用 private 修饰的属性和方法。子类无法继承父类的构造方法。

> **说明：** 多个子类可以继承自一个父类（站在子类的立场）；一个父类可以派生出多个子类（站在父类立场）。

小航同学：师傅，那该如何实现继承呢？

师傅：在 Java 中实现继承很简单，使用 extends 关键字即可，语法如下：

```
public class SubClass extends SuperClass{ //继承 }
```

其中，SubClass 称为子类；SuperClass 称为父类。

小航同学：师傅，我们人类的继承都有祖先，会自动继承祖先的所有特征，那 Java 中的继承有祖先类吗？

师傅：当然有，在 Java 中，Object 类是所有类的祖先（也就是说 Java 中的所有类都直接或间接的继承自 Object），它处于继承关系的最顶层。在定义一个类时，即使没有使用关键字 extends 继承 Object 类，系统也会默认去继承 Object 类。其实我们在以前使用类时没有注意这一点，如图 7-3 所示。

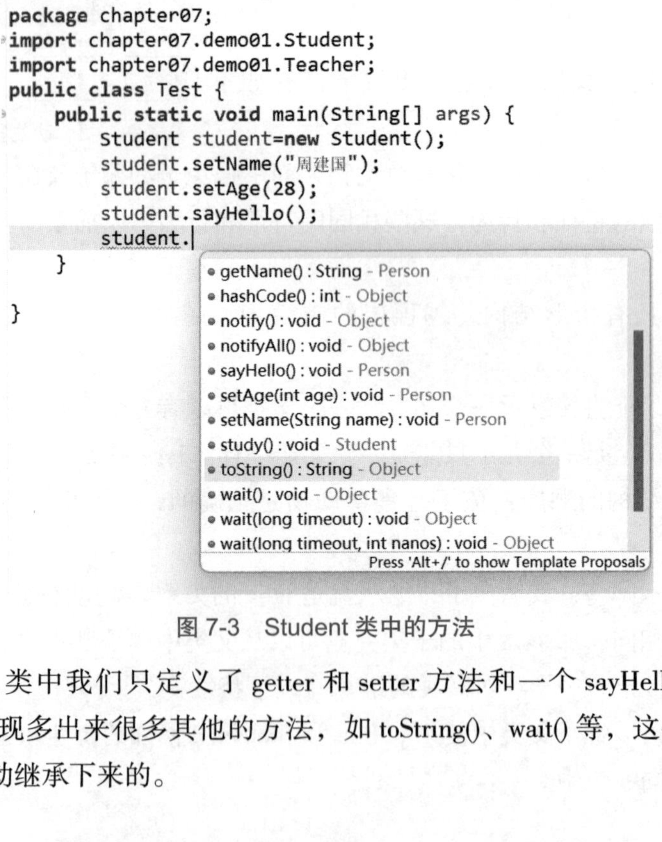

图 7-3 Student 类中的方法

在 Student 类中我们只定义了 getter 和 setter 方法和一个 sayHello 方法，但是在使用时却发现多出来很多其他的方法，如 toString()、wait() 等，这些方法都是从 Object 类中自动继承下来的。

学习笔记

三、方法重写

小航同学：师傅，通过前面的学习我知道了子类可以继承父类中的公有方法，但是如果这个方法不能满足子类的需求该怎么办呢？

师傅：这时我们可以通过在子类中重写父类的方法来解决这个问题，实现代码如下：

```
public class Person{// 人类
    private String name;
    private int age;
    public String getName() {
        return name;
    }
    public void setName(String name) {
        this.name = name;
    }
    public int getAge() {
        return age;
    }
    public void setAge(int age) {
        this.age = age;
    }
    public void sayHello(){
        System.out.print("你好！");
    }
}
public class Teacher extends Person{
    // 教员类
    public void sayHello()
        {// 重写父类方法
            System.out.println("老师说，您好！");
        }
}
public class Student extends Person{
    //学生类
    public void study()
    {// 学生独有的方法
        System.out.print("学习！");
    }
    public void sayHello()
    {// 重写父类方法
        System.out.println("学生说，您好！");
    }
}
```

父类 Person 中定义了一个 sayHello() 方法，它的两个子类并没有简单地继承这个方法，而是在自身又定义了一个 sayHello() 方法。那这样会不会编译错误呢？

例 7-2 子类与父类重写方法。

输入重写方法的测试代码：

学习笔记

```
public static void main(String[] args) {
    Student student=new Student();
    student.sayHello();
    Teacher teacher=new Teacher();
    teacher.sayHello();
}
```

运行结果如图 7-4 所示。

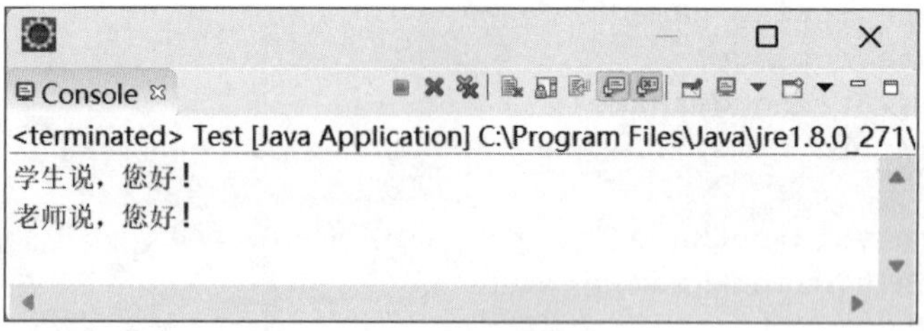

图 7-4　运行结果

运行结果充分说明了上面的代码能够正常运行。在子类中根据需要对从父类中继承下来的方法进行重新编写，称之为方法重写或方法覆盖（overriding）。

注意：方法重写必须满足以下条件：

（1）子类的方法必须和父类中被重写的方法签名（名称、参数）相同。

（2）子类方法的返回类型必须和父类中被重写的方法的返回类型相同或是其子类。

（3）子类方法的访问修饰符权限必须大于等于父类中被重写的方法的访问修饰符权限。

（public>=default>=protected>=private）。

说明：多父类私有的方法不能被继承，所以也不能被重写。

课堂练习

使用继承实现打印机：现实生活中，我们常用的打印机有黑白打印机和彩色打印机，它们之间有很多相似的地方，能够找到继承关系。现要求使用继承来实现这个生活案例。

实现步骤如下：

（1）编写父类 Printer（打印机），定义一个方法 print()。

（2）编写子类 BlackPrinter（黑白打印机），重写 print() 方法。

（3）编写子类 ColorPrinter（彩色打印机），重写 print() 方法。

（4）编写测试类 Test，分别创建出黑白打印机对象和彩色打印机对象，并调用打印方法。

任务三　使用多态达到一个多用

学习笔记

情景描述

面向对象有三大特征：封装、继承和多态，前面我们学习了封装和继承，多态是建立在封装继承之上的，可以帮助我们实现“不同对象对同一个动作，产生不同的响应”，就像在校园宿舍人脸识别系统中，不同的摄像机（手机相机、门禁自带相机）能够针对不同的学生而做出相同的动作（扫描和拍摄），这就是多态的体现。这极大地提高了我们程序设计的灵活性。

在日常生活中，水可以有不同的形态（固体、液体、气体），鱼的烹饪方法有红烧鱼、清蒸鱼、生鱼片等，这些都是多态的表现，那 Java 中的多态到底是怎样的呢？本任务主要掌握多态的实现。

任务分解

根据上述工作情景，将任务分解如下：

1. 了解为什么需要多态？
2. 如何实现多态？

任务实现

课前学习

扫描二维码观看视频，并思考下列问题：

什么是多态？

多态

课堂学习

一、为什么需要多态

小航同学：师傅，多态是 OOP 中最核心的一个特征，如果不使用多态会有什么不便吗？

师傅：我们来看一个喂养宠物的案例——主人养了两个宠物，分别是狗和小猫，现在要给它们分别喂食，请用 Java 代码模拟实现，代码如下：

```
public class Pet {
    private String name = "无名氏";  //宠物的名字
    private int health = 100;        //宠物的健康值
    public  void eat() {};
}
public class Dog extends Pet{        //狗类继承宠物类
    public void eat() {              //重写 eat 方法
        System.out.println("狗狗在吃饭..");
```

学习笔记

```
    }
}
public class Cat extends Pet{           //猫类继承宠物类
    public void eat() {                 //重写 eat 方法
        System.out.println("小猫在吃饭..");
    }
}
/**
    *      主人类
* @author zhoum
*/
public class Master {
//使用方法重载的方式实现主人喂不同的宠物
    public void feed(Dog d) {           //喂小狗
        d.eat(); //调用狗的吃饭方法
  }
  public void feed(Cat c) {             //喂小猫
        c.eat();//调用猫的吃饭方法
    }
// 如果主人的宠物越来越多，又来了猪、鸭、鹅、小鸡......那么这里面就得写非常
多的 feed 方法
// 使用多态来实现喂养不同的宠物，一个方法就能搞定
}
```

在上述代码中，Pet 类是父类，Dog 类和 Cat 类是子类，并且重写了父类的 eat() 方法。Master 类分别为 Dog 和 Cat 定义了喂食的方法（feed()），这两个方法构成了方法重载。这样一来就实现了主人喂养宠物的功能。但是，假如主人以后会喂养更多的不同种类的宠物时该怎么办呢？比如，现在主人要喂养鹦鹉，除了需要先定义一个鹦鹉类之外，还必须在 Master 类中重载一个给鹦鹉喂食的方法。宠物越多，重载的方法（feed()）就越多。那有没有更好的解决办法呢？这就需要使用多态了。

小航同学：师傅，那到底什么是多态？有没有生活中的案例呢？

师傅：举一个生活中的多态例子，例如，当我们下达一个命令“Cut”时，医生会理解为切开皮肤做手术，理发师会理解为剪头发，而演员会理解为停止拍摄暂停表演。我们会发现，不同的对象对于某一个方法调用（如 Cut）会有不同的响应。延伸到 Java 中，多态就是：同一个引用类型，引用不同的对象调用方法时可以执行不同的操作，即父类引用子类对象。请看以下代码：

```
Pet p1 = new Dog();
p1.eat();
Pet p2 = new Cat();
p2.eat();
```

在上述代码中，我们将子类对象赋值给了一个父类变量，这就是所谓的父类引用子类对象，或者说一个父类的引用指向了一个子类对象。这在 Java 中是允许的，

并被广泛地使用，所有符合“is-a”关系的都可以这样用：“一个小狗（Dog）是一个（is a）宠物（Pet）；一个小猫（Cat）是一个（is a）宠物（Pet）”。

代码在执行时调用的都是子类中重写过的 eat( ) 方法，而不是父类中的 eat( ) 方法，这就是多态。但是如果子类中没有对 eat( ) 方法进行重写，会执行从父类中继承过来的 eat( ) 方法。

二、实现多态

小航同学：师傅，那该怎么实现多态呢？

师傅：在上述代码中，我们将子类对象赋值给了一个父类变量，这就是所谓的父类引用子类对象，或者说一个父类的引用指向了一个子类对象。代码在执行时调用的都是子类中重写过的 eat( ) 方法，而不是父类中的 eat( ) 方法，这就是多态。

下面我们来使用多态优化前面主人喂养宠物的代码。分解步骤如下：

（1）实现继承，继承通常是多态存在的前提，代码如下：

```
public class Pet {
    private String name = "无名氏";  //宠物的名字
    private int health = 100;        //宠物的健康值
    public  void eat() {};
}
public class Dog extends Pet{        //狗类继承宠物类

}
public class Cat extends Pet{        //猫类继承宠物类

}
```

（2）子类重写父类的方法，代码如下：

```
public class Dog extends Pet{        //狗类继承宠物类
    public void eat() {              //重写eat()方法
        System.out.println("狗狗在吃饭..");
    }
}
public class Cat extends Pet{        //猫类继承宠物类
    public void eat() {              //重写eat()方法
        System.out.println("小猫在吃饭..");
    }
}
```

（3）父类引用子类对象，代码如下：

```
public class Master { //主人类
    //一个方法就能喂养不同的宠物
    public void feed(Pet t) {        //通过传参实现父类引用子类对象
        t.eat();
    }
}
```

（4）测试代码如下：

```
public class Test {
    public static void main(String[] args) {
        Pet d = new Dog();              // 创建狗
        Pet c = new Cat();              // 创建猫
        Master m = new Master();        // 创建主人
        // 开始喂养
        m.feed(d);
        m.feed(c);
    }
}
```

运行结果如图 7-5 所示。

```
"C:\Program Files\Java\jdk1.8.0_91\bin\java.exe" ...
狗狗在吃饭..
小猫在吃饭..
```

图 7-5　运行结果

通过以上几步就实现了使用多态来解决主人喂养宠物的问题。这时不管主人将来喂养多少种宠物，我们只需要定义相应的类继承 Pet 并重写 eat( ) 方法就行了，而 Master 类中始终只需要一个 feed( ) 方法。使用多态可以提高代码的可扩展性和可维护性，使用父类作为方法形参是实现多态的常用方式。

注意： 在进行方法调用时必须调用子类重写过的父类的方法，子类中独有的方法是不能通过父类引用调用到的。

课堂练习

世界上不同国家、不同地区的人们说着不同的语言。请编码模拟一个联合国大会的演讲平台，让不同国家或地区的人进行演讲。要求使用多态来实现这个案例。

实现步骤如下：

（1）编写一个抽象类 Person，属性：name 和 age。

（2）在 Person 类中定义一个抽象方法 giveSpeech()。

（3）编写 Chinese（中国）类继承 Person。

（4）编写 American（美国）类继承 Person。

（5）编写 Meeting（会议）类，其中有个进行演讲的方法 speech(Person p)。

（6）编写测试类 Test，分别创建出中国人对象、美国人对象、会议对象，然后调用会议对象的演讲方法 2 次并分别传入参数。

学习笔记

任务四　使用接口做系统框架设计

情景描述

程序中的很多思想来自于现实世界，接口也是如此。在日常生活中，接口无处不在，任何计算机生产商，都使用统一的 USB 规范，这个 USB 规范就是一个标准。有了 USB 接口，所有外设的接头都遵循了 USB 的标准才能连上计算机；所有电器的接头都必须遵循插座接口的标准才能使用等。那么 Java 中的接口到底是怎样的呢?

任务分解

根据上述工作情景，将任务分解如下：

1．生活中的接口。

2．Java 中的接口。

3．面向接口编程。

4．比较抽象类和接口。

任务实现

课前学习

扫描二维码观看视频，并思考下列问题：

接口的语法？接口的实现类如何做？

接口

课堂学习

一、生活中的接口

小航同学：师傅，生活中有哪些接口的案例吗?

师傅：如我们经常使用的计算机的主板，如图 7-6 所示。

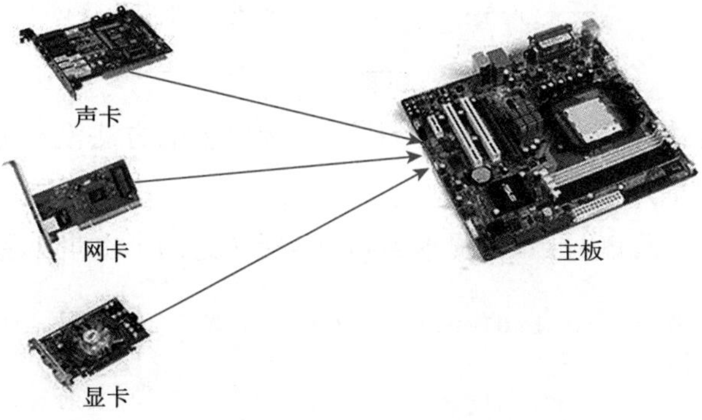

图 7-6　主板结构图

计算机主板的 PCI 插槽上通常会插入一些硬件设备（声卡、网卡、显卡），这

学习笔记

些设备相对于主板是独立的，所以通常称为独立显卡、独立声卡和独立网卡。但是也有另外一种设计，就是把声卡、网卡、显卡这些设备集成到主板上，这些设备和主板是一体的，称为集成显卡、集成声卡和集成网卡。

现在从可维护性和可扩展性这两方面来考虑一下这两种设计哪种更好呢？以显卡为例，如果使用的是集成显卡，将来显卡坏了，我们面临的选择可能就要更换主板了；如果使用的是独立显卡，一旦坏了，我们只需要更换显卡就行了。

在主板和硬件设备之间需要约定一个标准（PCI），包括 PCI 的大小、技术指标等，然后生产遵循这个标准的硬件设备。因为主板和这些硬件设备都遵循 PCI 标准，所以这些硬件设备直接就可以插在主板上使用，并且兼顾了可维护性和可扩展性。Java 中的接口与此类似。

小提示：计算机中连接不同设备之间的接口主要有以下几种：

（1）USB：连接 USB 键盘、鼠标、U 盘等，即插即用。

（2）PCI：连接声卡、网卡等。

（3）PCI-E：增强的 PCI，连接显卡。

二、Java 中的接口

小航同学：师傅，那 Java 中的接口该如何去做呢？

师傅：在 Java 中，接口就是一个约定、规范或标准，就像上边提到的 USB、PCI 等。现在我们用接口来实现图 7-5 中的生活案例以此来认识 Java 中的接口，定义一个接口的语法如下：

```
public  interface 接口名称 { }
```

（1）首先需要约定一个标准（PCI），这个 PCI 标准就相当于 Java 中的接口。代码如下：

```
public interface PCI{      //PCI 接口
    public void work();   // 接口里定义的方法没有方法体
}
```

使用 interface 关键字可以创建一个接口，接口中的方法没有方法体，可以认为接口中的所有方法都是抽象的。

（2）下面创建遵循 PCI 接口的显卡类和声卡类（这两个也叫实现类），代码如下：

```
ublic class DisCard implements PCI{ // 显卡类，实现接口
    @Override
    public void work() {              // 实现接口里的 work 方法
        System.out.println(" 显卡正在工作 ...");
    }
}
```

学习笔记

```
public class SoundCard implements PCI{ //声卡类，实现接口
    @Override
    public void work() {                    //实现接口里的 work 方法
        System.out.println("声卡正在工作...");
    }
}
```

要想让显卡和声卡遵循 PCI 规范，就必须使用 implements 关键字来实现 PCI 接口，同时在类中必须实现接口中的 work() 方法。语法如下：

```
public class 类名称 implements 接口 1，接口 2…{ }
```

小提示：一个类可以实现多个接口，但只能继承一个父类；这就像一个孩子只有一个父亲，但是可以有多个老师一样。

（3）下面创建主板类来使用显卡和声卡，代码如下：

```
public class MainBoard {             //主板类
    public void useCard(PCI p) { //插卡方法，只要遵循了 PCI 标准都能插进
来，参数类型是 PCI 接口
        p.work();
    }
}
```

主板间接地通过 PCI 接口来使用显卡和声卡，而不是像之前那样直接使用。通过这样的设计就使我们的程序具备了良好的可维护性和可扩展性（其实这就是多态）。测试代码如下：

```
public class Test {
    public static void main(String[] args) {
        PCI sk = new SoundCard();              //创建声卡
        PCI xk = new DisCard();                //创建显卡
        MainBoard zb = new MainBoard();        //创建主板
        zb.useCard(sk);                        //插卡
        zb.useCard(xk);                        //插卡
    }
}
```

我们来总结一下：DisCard 和 SoundCard 通过 implement 来实现接口 PCI，可以理解为这两个类遵守了 PCI 的规范，受 PCI 的约束，这种约束就是必须实现 PCI 中所有的方法（本例中只有一个方法 work()）。

小航同学：师傅，那接口有哪些特征呢？

师傅：接口作为一种约定、规范或标准具有以下显著特征：

（1）接口不可以被实例化，不能有构造方法。

（2）接口中的所有成员都是 public static final。

学习笔记

（3）接口中的方法都是抽象方法，接口中的方法会自动使用 public abstract 修饰。

（4）一个类可以同时实现多个接口。

（5）实现类必须实现接口中的所有方法。

（6）接口可以继承接口。例如，显卡一般是通过 PCI-E 的方式连接到主板上的，我们可以编写一个 PCI-E 的接口来继承 PCI 接口，再让 DisCard 实现 PCI-E 接口。

三、面向接口编程

小航同学：师傅，那接口对于系统设计方面有什么更大的作用吗?

师傅：接口的更大优势在于系统的设计，也就是面向接口编程。在讲解面向接口编程之前，先问你一个问题：你喜欢打卤面还是米饭加炒菜?

小航同学：师傅，我喜欢米饭加炒菜，可是这和接口有什么关系呢?

师傅：其实大中型软件的设计中，程序设计人员都喜欢后者而“憎恶”前者，这是因为前者将面条和卤混在一起，当客户的需求发生改变时，比如想吃鸡蛋番茄卤而不是已经上桌的炖肉卤的，就比较难于更换，势必造成面条也跟着浪费了，但是米饭和炒菜是分离的，无论是更换菜还是更换米饭都更容易些。

记住，在软件开发中有一个放之四海而皆准的真理，那就是：客户的需求总是会改变的!

在传统的项目开发过程中，由于客户需求的变化性，如果不采用面向接口编程，那么我们必须不停改写现有的业务代码。改写代码可能产生新的 BUG，而且改写代码还会影响到调用该业务的类，可能全都需要修改，影响系统本身的稳定性。而且为了将改写代码带来的影响降至最小，我们不得不依从当前的系统状况来完成设计，导致代码质量和稳定性降低。当这种情况积累到一定程度时，系统就会出现不可预计的错误，代码凌乱、不易读懂，后续接手的人员无法读懂代码，系统的维护工作越来越繁重，最终可能导致项目失败。

所以，软件设计的一个至上原则是：讨厌修改（Modify），鼓励以增加（Add）的方式来应对客户需求的变化。而采用接口来设计软件具备良好的可维护性和可扩展性，所以在开发大型的软件项目时会经常使用。

总的来说，面向接口编程就是指软件系统的整体架构由接口构成，而不是具体的类。我们可以先设计好这些接口，然后再编写具体的实现类来实现相应的功能。

四、对比抽象类和接口

小航同学：师傅，抽象类和接口很类似，那它们有什么相同和不同之处呢?

师傅：抽象类和接口都位于继承树的上层，它们具有以下相同点：

（1）代表系统的抽象层。

（2）都不能被实例化。

（3）都能包含抽象方法。

但是接口更多的是在系统框架设计方面发挥作用，主要定义模块之间的通信；而抽象类则在代码实现方面发挥作用，实现代码的重用，抽象类和接口主要有两大区别：

（1）在抽象类中可以为部分方法提供默认的实现，从而避免在子类中重复实现它们，提高代码的可重用性，这是抽象类的优势所在；而接口中所有方法都是抽象的。

（2）一个类只能继承一个直接的父类，这个父类有可能是抽象类；但一个类可以实现多个接口，这是接口的优势所在。

课堂练习

在现实生活中，我们经常通过计算机的 USB 接口来使用一些设备，例如 MP3、移动硬盘、U 盘等。现在要求使用面向接口编程去模拟实现这个例子。

实现步骤如下：

（1）创建 USB 接口，接口中只定义一个 work( ) 方法。

（2）创建 MP3 类并实现 USB 接口，并重写 work( ) 方法。

（3）创建 U 盘类并实现 USB 接口，并重写 work( ) 方法。

（4）创建计算机 Computer 类并定义一个使用接口的方法 useMobile(USB u)。

（5）创建测试类 Test，创建出一个 MP3 对象、U 盘对象和 Computer 对象，然后调用 Computer 对象的使用 USB 接口方法 2 次并传入对应参数。

实训　实现宿舍门禁人脸识别模块功能

课前学习

扫描二维码观看视频，并思考下列问题：

如何设计校园门禁系统？

实现宿舍门禁人脸识别模块功能

课堂实训

一、实训目的

让学生了解 Java 的面向对象特性：封装、继承和多态，并利用这些特征实现校园宿舍的门禁人脸识别系统，从而让学生熟悉 Java 的封装、继承、多态、接口的好处。

二、实训要求

以面向对象的思想设计宿舍的门禁人脸识别系统，可以自由选择扫描人脸的工具，有门禁自带的摄像机、手机端，还可以新增其他的扫描仪，可以给张帅、王

学习笔记

艳等不同的学生进行人脸扫描识别。不同的扫描机器发出的声音不一样，门禁自带扫描仪的声音是“咔嚓咔嚓”，手机端的拍照声音是“biubiubiu”等（设计参考表 7-1）。

要求进行面向对象设计，画出类图并写出代码（本次练习难度并不高，关键在于明确面向对象设计是一个不断优化的过程，是为了有效解决业务问题）。

表 7-1 门禁人脸识别系统设计

系统设计	类描述	备注
接口	扫描工具接口	可以进行人脸扫描功能
接口实现类 1	门禁扫描仪	扫描声音：咔嚓咔嚓
接口实现类 2	手机端	扫描声音：biubiubiu
抽象父类	扫描目标抽象类	可以被扫描的目标
子类 1	张帅	扫描验证结果：不通过
子类 2	王艳	扫描验证结果：通过
自动扫描系统	调用扫描工具接口和扫描目标抽象父类	—
测试	创建测试入口类	—

（1）设计扫描工具接口类。

（2）设计扫描目标抽象父类。

（3）门禁扫描仪、手机端实现扫描工具接口，张帅和王艳继承扫描目标基类。

（4）设计自助扫描系统，运行结果如图 7-7 所示。

（5）编写测试类。

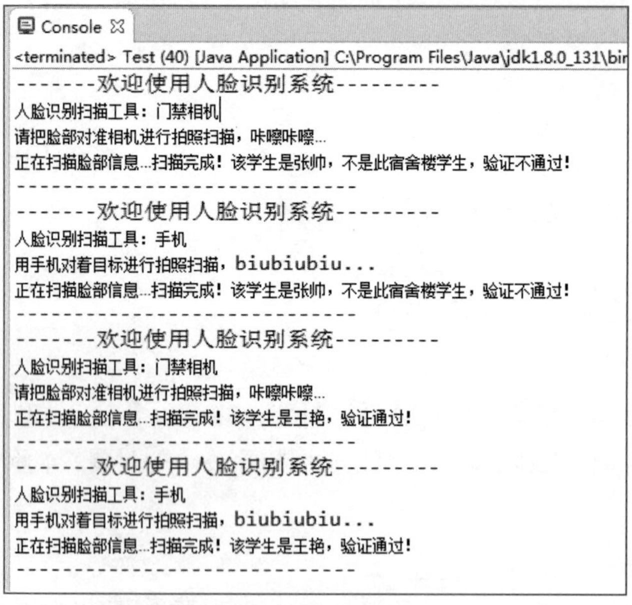

图 7-7 运行结果

学习笔记

三、实训评价

姓名：________________　　　　　　完成日期：________________

序号	考核内容	标准分	评分
1	实现扫描工具接口类	10	
2	实现扫描目标抽象父类	10	
3	实现门禁扫描仪、手机端类	20	
4	实现张帅、王艳类	20	
5	实现自助扫描系统类	10	
6	输出用不同扫描工具给张帅进行人脸扫描识别	10	
7	输出用不同扫描工具给王艳进行人脸扫描识别	10	
8	完成任务收获积累：	10	
总评分		100	

学习笔记

四、学习笔记

项目八

智慧校园之管理员管理模块功能实现

学习笔记

项目导入

本项目通过分析管理员管理模块要实现的功能，了解数据库的添加、修改、查询和删除，熟悉使用Java语言访问数据库的方法，并利用Java代码实现管理员的管理，具体任务列表如下：

智慧校园之管理员管理模块功能实现 →

- 任务一　认识数据库
- 任务二　学会使用SQL语句
- 任务三　使用JDBC操作数据库
- 实训　实现管理员管理模块功能

学习目标

◎知识目标

1. 掌握数据库的概念及分类。
2. 掌握SQL语句的概念及分类。
3. 掌握SQL语句的使用方法。
4. 了解JDBC的工作原理。
5. 掌握JDBC技术的使用。

◎技能目标

1. 能熟练掌握关系型数据库的优势及使用场景。
2. 能熟练掌握JDBC编程的基本步骤。

◎素养目标

1. 提升逻辑思维和分析问题的能力。
2. 践行精益求精的工匠精神。

学习笔记

任务一　认识数据库

情景描述

随着计算机技术、网络技术和数据存储技术的发展，数据库的应用已经涉及生活的方方面面。在前面的任务学习中我们知道了所谓的信息管理就是对数据库中存储的数据进行一系列的处理。智慧校园管理系统中涉及大量的信息数据，合理使用数据库功能至关重要。本任务主要是通过了解数据库的概念、分类及主流关系型数据库的优势，来解决数据要存在哪里、如何存储的问题。

任务分解

根据上述工作情景，将任务分解如下：

1．什么是数据库？

2．为什么要学习关系型数据库？

任务实现

课前学习

扫描二维码观看视频，并思考下列问题：

（1）什么是数据库？

（2）数据库分哪几种？

认识数据库

课堂学习

小航同学：师傅，如果我想统计全校学生的信息，这么庞大的数据，要把信息存到哪里呢？

师傅：通过前面的学习，我们了解到数据的重要性，也学习过很多存储数据的方式。比如可以通过内存存储数据，但这种存储方式是临时存储，数据不安全，一旦计算机重启，数据将会丢失，没办法做到持久化保存数据。数据库的出现让数据管理不再仅仅是存储和管理数据，而是转变成用户所需要的各种数据管理的方式。

小航同学：哦，我明白了师傅，我可以把全校学生的信息都存到数据库里面，可是您还没说数据库要怎么使用呢？

师傅：学习要循序渐进，在了解怎么使用之前，我们先了解一下数据库的概念和分类吧。

一、数据库的概念和分类

数据库（database）是指存储数据的容器，也被称为数据存储库（data store）。能够存储大量结构化和非结构化的数据，包括文本、数字、图像、音频等各种类型

学习笔记

的数据，我们也可以对其存储的数据进行添加、查询、删除、修改等一系列操作。

在软件开发过中使用的数据库可以分为以下两类：

（1）关系型数据库，常见的有 Oracle、MySQL、SQL Server、Access 等。

（2）非关系型数据库，常见的有 Redis、MongoDB、HBase 等。

二、关系型数据库

1. 定义

关系型数据库是指采用了关系模型来组织数据的数据库，关系模型是在 1970 年提出的，在之后的几十年中，关系模型的概念得到了充分的发展，并逐渐成为数据库架构的主流模型。简单来说，关系模型指的就是二维表格模型，而一个关系型数据库就是由二维表及其之间的联系组成的一个数据组织。

2. 优势

关系型数据库相比其他模型的数据库而言有以下优点：

（1）容易理解：二维表结构是非常贴近逻辑世界的一个概念，关系模型相对网状、层次等其他模型来说更容易理解。

（2）使用方便：通用的 SQL 语言使得操作关系型数据库非常方便，程序员甚至于数据管理员可以方便地在逻辑层面操作数据库，而完全不必理解其底层实现。

（3）易于维护：丰富的完整性（实体完整性、参照完整性和用户定义完整性）大大降低了数据冗余和数据不一致的概率。

任务二　学会使用 SQL 语句

情景描述

在了解完数据库之后，如果想要使用数据库存储和处理数据，那么就必须掌握一些基本的 SQL 语句。

任务分解

根据上述工作情景，将任务分解如下：

1. 什么是 SQL 语句？
2. 常见 SQL 语句的使用方法。

任务实现

课前学习

扫描二维码观看视频，并思考以下问题：

SQL 语句主要分为哪几类？它们有什么区别？

学会使用SQL语句

学习笔记

课堂学习

小航同学：师傅，听您介绍数据库之后，我已经迫不及待地想要学习怎么使用数据库了！

师傅：那接下来就让我们一起学习常见的 SQL 语句，来使用数据库吧！

一、DDL 语句

DDL 是指数据定义语言，是一种有助于创建数据库模式的 SQL 命令。

DDL 中常用的命令有 create（创建）、drop（销毁）、alter（修改）、truncate（删除表中的内容）、rename（重命名数据库中的内容）等。

以下是常用的 DDL 语句。

创建数据库（t_student）：

```
create database t_student;
```

显示所有的库：

```
show database;
```

删除库（t_student）：

```
drop database t_student;
```

使用某个库（t_student）：

```
use t_student;
```

创建新表（t_user）：

```
create table t_user(
    id int,               //id 属性
    name varchar(20),     //name 属性
    phone char(11)        //phone 属性
);
```

二、DML 语句

DML 是指数据操纵语言，是一种有助于检索和管理关系型数据库中数据的 SQL 命令。

DML 中常见的命令有 insert（插入）、update（修改）、delete（删除）、select（查询）等。

以下是常用的 DML 语句。

注： 以 t_user 表为例。

插入（学生信息）：

```
insert into t_user(id,name,phone)values(5,'小航同学','12345678900');
```

查询（id 为 1 的学生信息）：

```
select * from t_user where id = 1;
```

删除（id 为 1 的学生信息）：

```
delete from t_user where id = 1;
```

修改（id 为 5 学生的手机号）：

```
update t_user set phone = '13232323232'where id = 5;
```

课堂练习

创建学生表 (t_student)，代码如下：

```
create table t_student(
    id int,
    name varchar(20),
    address varchar(20),
    phone varchar(20)
);
```

（1）尝试添加新的学生信息 (id=1,name= 张三 ",address=" 河南省信阳市信阳航空职业学院 ",phone="123456789");

（2）将 id 为 1 的学生姓名修改为“李四”。

（3）删除姓名为李四的学生信息。

任务三　使用 JDBC 操作数据库

情景描述

在系统开发过程中，如果需要对数据进行处理，程序员可以通过 SQL 语句对数据库进行操作，但是对于用户而言，在使用某款软件时，不可能登录数据库对数据进行操作，只能间接地通过 java 代码操作数据库。

使用 JDBC 操作数据库不仅可以完成学生信息的添加、删除、修改、查询等操作，也可以屏蔽不同数据库厂商提供的访问接口之间的差异，提高了代码的通用性。

学习笔记

任务分解

根据上述工作情景，将任务分解如下：

1. 什么是 JDBC？
2. 如何实现 JDBC 操作数据库？

任务实现

课前学习

扫描二维码观看视频，并思考下列问题：

什么是 JDBC？

使用JDBC
操作数据库

课堂学习

小航同学：师傅，作为一个拥有良好编码规范的程序员，我已经学会了对数据库数据进行处理，可是我在手机上使用软件进行注册的时候，它会自动把我的信息添加到数据库中，这是怎么做到的啊？

师傅：学习的乐趣就在于发现问题、提出问题、解决问题。下面就让我们一起来看看，作为程序员要怎么解决这个问题吧！

一、什么是 JDBC

JDBC 的全称是 Java 数据库连接（Java database connectivity），它是一套用于执行 SQL 语句的 Java API。应用程序可以通过这套 API 连接到关系型数据库，并使用 SQL 语句完成对数据库中数据的添加、删除、修改和查询等操作。

不同的数据库（如 MySQL、Oracle 等），其内部处理数据的方式是不同的，如果直接使用数据库厂商提供的访问接口操作数据库，应用程序的可移植性就会变得很差。

例如，用户在当前程序中使用的是 MySQL 提供的接口操作数据库，如果换成 Oracle 数据库，则需要重新使用 Oracle 数据库提供的接口，这样代码的改动量会非常大。有了 JDBC 后，这种情况就不复存在了，因为它要求各个数据库厂商按照统一的规范提供数据库驱动程序，在程序中由 JDBC 与具体的数据库驱动程序联系，因此用户就不必直接与底层的数据库交互，使代码的通用性更强。

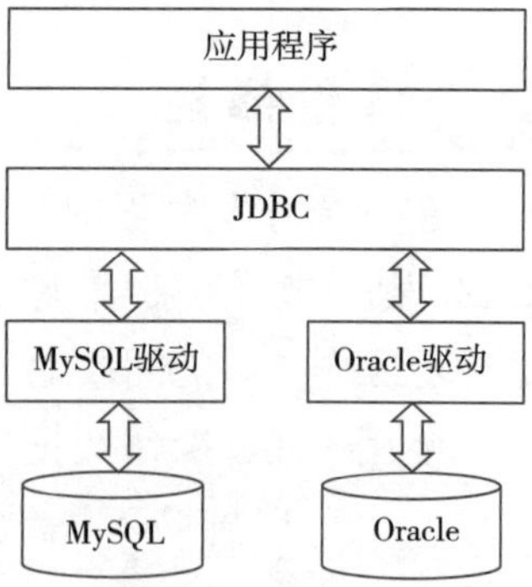

图 8-1　应用程序使用 JDBC 访问数据库的方式

从图 8-1 中可以看出，JDBC 在应用程序与数据库之间起到了桥梁的作用。当应用程序使用 JDBC 访问特定的数据库时，需要通过不同数据库驱动程序与不同的数据库进行连接，连接后即可对数据库进行相应的操作。

二、JDBC 编程基本步骤

下面我们使用 MySQL 数据库来演示 JDBC 编程的基本步骤。

1. 创建项目环境，导入数据库驱动

在 IDEA 中新建一个名称为 chapter8 的项目，右击项目名称，选择“New”→“Directory”命令，在弹出的窗口中将文件命名为 lib，项目的根目录就会出现一个名为 lib 的文件夹。将下载好的 MySQL 数据库驱动文件 mysql-connector-java-8.0.1-jar 复制到 lib 文件夹下。单击 lib 文件，右键选中 add as library。

2. 登录 xh2023 数据库，新建 t_user 表

打开程序运行窗口，输入命令：mysql-u root-p（见图 8-2）。

输入密码（root）进入数据库，输入命令：use xh2023（见图 8-2）。

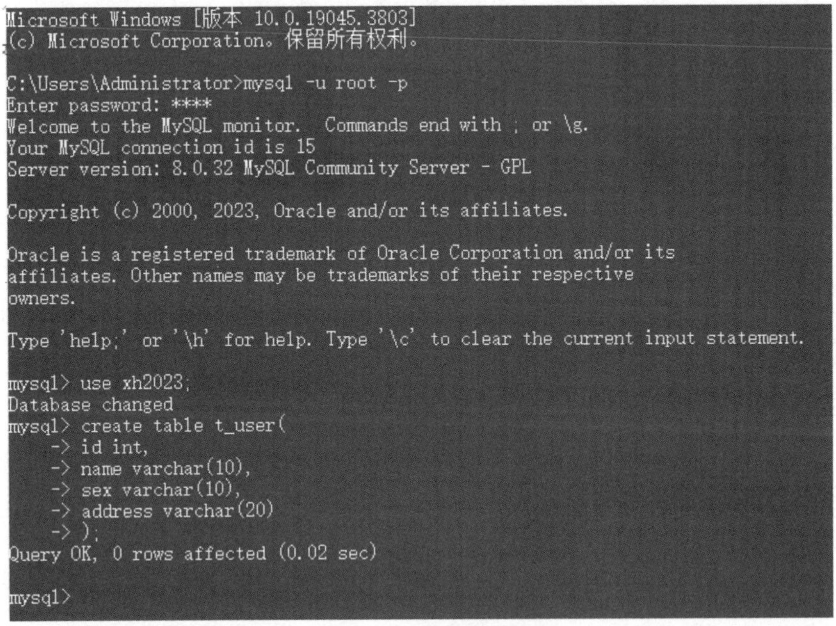

```
Microsoft Windows [版本 10.0.19045.3803]
(c) Microsoft Corporation。保留所有权利。

C:\Users\Administrator>mysql -u root -p
Enter password: ****
Welcome to the MySQL monitor.  Commands end with ; or \g.
Your MySQL connection id is 15
Server version: 8.0.32 MySQL Community Server - GPL

Copyright (c) 2000, 2023, Oracle and/or its affiliates.

Oracle is a registered trademark of Oracle Corporation and/or its
affiliates. Other names may be trademarks of their respective
owners.

Type 'help;' or '\h' for help. Type '\c' to clear the current input statement.

mysql> use xh2023;
Database changed
mysql> create table t_user(
    -> id int,
    -> name varchar(10),
    -> sex varchar(10),
    -> address varchar(20)
    -> );
Query OK, 0 rows affected (0.02 sec)

mysql>
```

图 8-2　输入命令

在数据库（xh2023）中创建 t_user 用户表。

运行代码如下：

```
create table t_user(
    id int,                    //编号
    name varchar(10),          //姓名
    sex varchar(10),           //性别
    address varchar(20)        //地址
)
```

3. 加载 JDBC 驱动程序

在连接数据库之前，首先将想要连接的数据库驱动加载到 JVM（Java 虚拟机），可以通过 java.lang.Class 类的静态方法 forName(String className) 实现。

学习笔记

具体示例代码如下：

```
public class demo16 {
    public static void main(String[] args) {
        Class.forName("come.mysql.cj.jdbc.Driver");
    }
}
```

4. 通过 DriverManager 获取数据库连接

具体示例代码如下：

```
public class demo16 {
    public static void main(String[] args) {
        Class.forName("come.mysql.cj.jdbc.Driver");
        //连接 MySQL 数据库，用户名和密码均为 root
        String url = "jdbc:mysql://localhost:3306/xh2023";
        String user = "root";
        String pwd = "root";
        Connertion coon = DriverManager.getConnection(url,user,pwd);
    }
}
```

5. 创建一个 Statement

程序执行 SQL 语句，必须要获得 java.sql.Statement 实例，Statement 实例分为以下三种类型：

（1）执行静态 SQL 语句，通常通过 Statement 实例实现。

（2）执行动态 SQL 语句，通常通过 PreparedStatement 实例实现。

（3）执行数据库存储过程，通常通过 CallableStatement 实例实现。

具体示例代码如下：

```
public class demo16 {
    public static void main(String[] args) {
        Class.forName("come.mysql.cj.jdbc.Driver");
        //连接 MySQL 数据库，用户名和密码均为 root
        String url = "jdbc:mysql://localhost:3306/xh2023";
        String user = "root";
        String pwd = "root";
        Connertion coon = DriverManager.getConnection(url,user,pwd);
        //执行动态 sql 语句
        String sql = "insert into t_user
        values(null,'小航同学','男','信阳航空职业学院')";
        preparedStatement pstm = coon.preparedStatement(sql);

    }
}
```

6. 使用 Statement 执行 SQL 语句

所有的 Statement 都有以下三种执行 SQL 语句的方法：

学习笔记

（1）execute()：可以执行任何 SQL 语句。

（2）executeQuery()：通常执行查询语句。

（3）executeUpdate()：主要用于执行 DML 和 DLL 语句。

以 executeUpdate() 方法为例，具体示例代码如下：

```
public class demo16 {
    public static void main(String[] args) {
        Class.forName("come.mysql.cj.jdbc.Driver");
        //连接 MySQL 数据库，用户名和密码均为 root
        String url = "jdbc:mysql://localhost:3306/xh2023";
        String user = "root";
        String pwd = "root";
        Connertion coon = DriverManager.getConnection(url,user,pwd);
        //执行动态 sql 语句
        String sql = "insert into t_user
        values(1,'小航同学','男','信阳航空职业学院')";
        preparedStatement pstm = coon.preparedStatement(sql);
        //影响数据库行数
        int row = pstm.executeUpdate();
    }
}
```

7. 关闭连接，释放资源

操作完成后要把所有使用的 JDBC 对象全部关闭，以释放 JDBC 资源，关闭顺序和声明顺序相反。

完整代码如下：

```
public class demo16 {
    public static void main(String[] args) {
        Class.forName("come.mysql.cj.jdbc.Driver");
        //连接 MySQL 数据库，用户名和密码均为 root
        String url = "jdbc:mysql://localhost:3306/xh2023";
        String user = "root";
        String pwd = "root";
        Connertion coon = DriverManager.getConnection(url,user,pwd);
        //执行动态 sql 语句
        String sql = "insert into t_user
        values(1,'小航同学','男','信阳航空职业学院')";
        preparedStatement pstm = coon.preparedStatement(sql);
        //影响数据库行数
        int row = pstm.executeUpdate();
        if(pstm != null){
            Pstm.close();
        }
        if(conn != null){
            Conn.close();
        }
    }
}
```

学习笔记

运行结果如图 8-3 所示。

图 8-3 运行结果

通过 SQL 语句查看数据库是否添加成功如图 8-4 所示。

图 8-4 通过 SQL 语句查看数据库是否添加成功

实训 实现管理员管理模块功能

课前学习

扫描二维码观看视频，并思考下列问题：

如何设计管理员管理模块功能？

实现管理员管理模块功能1

实现管理员管理模块功能2

实现管理员管理模块功能3

课堂实训

一、实训目的

全面了解数据库和 Java 代码连接数据库的原理。并学会利用 JDBC 操作数据库。

二、实训要求

本次任务通过设计实现管理员注册、登录功能，以及添加、删除、修改、查询学生信息的功能。

（1）账号注册：注册管理员账号。

（2）账号登录：以管理员身份登录智慧校园平台。

（3）添加学生信息：往数据库中添加三名学生的基本信息。

（4）修改学生信息：修改其中一名学生的基本信息。

（5）查询学生信息：查询被修改学生的基本信息。

（6）删除学生信息：删除被修改学生的基本信息。

学习笔记

三、实训评价

姓名：________________　　　　完成日期：________________

序号	考核内容	标准分	评分
1	注册管理员账号	10	
2	登录管理员账号	10	
3	创建学生信息表	10	
4	添加学生信息	10	
5	修改学生信息	10	
6	查询学生信息	10	
7	删除学生信息	20	
8	关闭链接，释放资源	10	
9	完成任务收获积累：	10	
总评分		100	

学习笔记

四、学习笔记

学习笔记

学习笔记